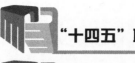

"十四五"职业教育国家规划教材

"十三五"职业教育国家规划教材

电工基础

第 2 版

主　编　黄宇平　　林勇坚
副主编　杨华军　　喻宁娜　　雷志坤
参　编　罗　辉　　杨　燕　　张　联　　韦　鸿
主　审　林运恕

U0190924

机 械 工 业 出 版 社

本书是在"十四五"职业教育国家规划教材《电工基础》的基础上进行更新和修订的。本书采用项目化编写模式，科学设置学习目标、工作任务、相关实践知识、相关理论知识、本项目思维导图和习题，符合高职的教学特点以及高职学生的认知特点。

本书内容包括电路的基本概念认知，直流电路分析，单相正弦交流电路分析，三相正弦交流电路分析，互感、磁路和交流铁心电路分析，线性电路的动态过程分析，非正弦周期电流电路认知等。

本书精选内容，简明扼要，通俗易懂，实用性、创新性强，贴近生产生活实际，突出体现了电工基础的职业教育特色，可作为高职院校自动化类相关专业的教材，也可供电子、电气行业的技术人员参考。

为方便教学，本书配有电子课件、习题解答、模拟试卷及答案等，凡选用本书作为授课教材的学校，均可登录机械工业出版社教育服务网（www. cmpedu. com）免费下载。联系电话：010-88379375。

图书在版编目（CIP）数据

电工基础／黄宇平，林勇坚主编. -- 2 版. 北京：机械工业出版社，2024. 5（2025.1 重印）. --（"十四五"职业教育国家规划教材）. -- ISBN 978 - 7 - 111 - 75995 - 9

Ⅰ. TM1

中国国家版本馆 CIP 数据核字第 2024LP8735 号

机械工业出版社（北京市百万庄大街 22 号　邮政编码 100037）
策划编辑：高亚云　　　　　　　　　　责任编辑：高亚云
责任校对：杜丹丹　马荣华　景 飞　　封面设计：鞠 杨
责任印制：张　博
河北泓景印刷有限公司印刷
2025 年 1 月第 2 版第 2 次印刷
184mm×260mm · 12. 75 印张 · 312 千字
标准书号：ISBN 978-7-111-75995-9
定价：38. 80 元

电话服务　　　　　　　　　　网络服务
客服电话：010-88361066　　机 工 官 网：www. cmpbook. com
　　　　　010-88379833　　机 工 官 博：weibo. com/cmp1952
　　　　　010-68326294　　金 书 网：www. golden-book. com
封底无防伪标均为盗版　　机工教育服务网：www. cmpedu. com

关于"十四五"职业教育
国家规划教材的出版说明

为贯彻落实《中共中央关于认真学习宣传贯彻党的二十大精神的决定》《习近平新时代中国特色社会主义思想进课程教材指南》《职业院校教材管理办法》等文件精神，机械工业出版社与教材编写团队一道，认真执行思政内容进教材、进课堂、进头脑要求，尊重教育规律，遵循学科特点，对教材内容进行了更新，着力落实以下要求：

1. 提升教材铸魂育人功能，培育、践行社会主义核心价值观，教育引导学生树立共产主义远大理想和中国特色社会主义共同理想，坚定"四个自信"，厚植爱国主义情怀，把爱国情、强国志、报国行自觉融入建设社会主义现代化强国、实现中华民族伟大复兴的奋斗之中。同时，弘扬中华优秀传统文化，深入开展宪法法治教育。

2. 注重科学思维方法训练和科学伦理教育，培养学生探索未知、追求真理、勇攀科学高峰的责任感和使命感；强化学生工程伦理教育，培养学生精益求精的大国工匠精神，激发学生科技报国的家国情怀和使命担当。加快构建中国特色哲学社会科学学科体系、学术体系、话语体系。帮助学生了解相关专业和行业领域的国家战略、法律法规和相关政策，引导学生深入社会实践、关注现实问题，培育学生经世济民、诚信服务、德法兼修的职业素养。

3. 教育引导学生深刻理解并自觉实践各行业的职业精神、职业规范，增强职业责任感，培养遵纪守法、爱岗敬业、无私奉献、诚实守信、公道办事、开拓创新的职业品格和行为习惯。

在此基础上，及时更新教材知识内容，体现产业发展的新技术、新工艺、新规范、新标准。加强教材数字化建设，丰富配套资源，形成可听、可视、可练、可互动的融媒体教材。

教材建设需要各方的共同努力，也欢迎相关教材使用院校的师生及时反馈意见和建议，我们将认真组织力量进行研究，在后续重印及再版时吸纳改进，不断推动高质量教材出版。

机械工业出版社

第2版　前言

　　《电工基础》教材是依照高等职业教育电气自动化技术专业的人才培养目标和电工职业技能鉴定的要求，同时兼顾其他专业的培养方案编写而成的理论实践一体化的教学用书。

　　在编写时，我们始终秉承"以学生为出发点，以职业标准为依据，以职业能力为核心"的理念，从职业能力培养的角度出发，力求体现职业培养的规律，满足职业技能培训与鉴定考核的需要。本着"必需、够用"的原则，编写时降低了理论深度，精选了教材内容，省略了公式中复杂的数学推导过程，增加了例题的数量和类型，注重理论联系实际。此外，每个项目后面有本项目思维导图与习题，并在书后附有习题参考答案。在理论论述上，尽可能简明扼要，通俗易懂，并注重从具体的例子引出结论。

　　自2017年出版以来，《电工基础》教材受到职业院校同行师生的认可，并获评"十三五""十四五"职业教育国家规划教材。

　　为贯彻落实党的二十大精神，落实立德树人根本任务，与时俱进，更好地服务当前教学改革需要，决定对教材进行修订。修订的主要内容有：

　　1）调整、增加部分工作任务，使之更加符合行业应用实际，帮助学生切实掌握技能、规范操作、养成安全意识。 如项目3增加了"插座及单灯单控电路安装、测量"工作任务，使学生掌握低压照明电路的电气规范，学会安装简单照明电路，会使用验电笔进行电气检查和故障初判。

　　项目4增加了"三相异步电动机的检测"工作任务，使学生了解三相电动机的结构和接线方式，掌握使用绝缘电阻表检测三相电动机绝缘电阻、判断电动机好坏的方法。

　　项目5调整为"三相异步电动机的运行监测"工作任务，使学生掌握钳形电流表的使用方法和技巧，既了解变压器的应用，又加深对对称三相电路知识的理解。

　　项目6调整为"指针式万用表检测电解电容的好坏"工作任务，通过检测电容元件的充放电，直观理解线性电路的过渡过程。

　　2）更换部分习题，尽可能选取生产、生活实践中普遍、实用的电路，提升学习乐趣，寓教于乐。

　　3）调整部分章节顺序，使之逻辑性更为严谨。 如项目2的内容编排，结合知识的连贯性和学生认知规律的连续性，在保留原有知识的基础上进行调整，分为基尔霍夫定律与电路分析方法、等效网络、叠加定理和受控源和含受控源简单电路的分析四部分内容。其中电路分析方法内容包含支路电流法和由基尔霍夫定律衍生出来的网孔电流法、节点电压法三种电路分析方法；等效网络内容包含无源等效网络和有源等效网络，无源等效网络又包含电阻串、并联及混联以及电阻的星形、三角联结及其等效变换，有源等效网络包含电源等效变换、戴维南定理和诺顿定理三种电路分析方法。本项目共涵盖七种电路分析方法，各具特点，重新整合后，条理分明，逻辑清晰。

　　为使学生更加直观了解各项目的知识图谱，本次修订每个项目都新增了详细的思维导图，可用于自查学习效果及建立学科体系。

4）新增知识加油站栏目，拓展学生学习视野，为后续课程学习打好基础。如项目 1 增加"电路工作状态""等电位应用""电磁感应的定则和定律"。通过"电路工作状态"栏目，学生可了解三种电路工作状态，掌握其在通电和未通电状态下的特点，学会使用电工仪表进行测量判断，并强调安全用电，避免短路发生的重要性，介绍常用的短路保护电器——自动断路器。通过"等电位应用"栏目，学生可掌握其原理及应用，同时彰显我国在超高压电网运行维护作业方面全球领先的国际地位，抒发民族自豪感。"电磁感应的定则和定律"栏目既是高中物理知识的复习，又为课程后续自感、互感、发电机、变压器等内容进行铺垫。项目 4 增加"低压配电系统中的保护接地"，学生可了解到身边三相五线制低压配电系统的接线方式以及在安全用电方面的保护措施，增加安全知识，提高安全意识。

5）增加数字化资源。电工基础课程理论性和实践性都较强，对于课程中的重难点，制作了立体动画，便于学生理解。

全书采用项目化编写方式，共分为 7 个项目：项目 1 为电路的基本概念认知；项目 2 为直流电路分析；项目 3 为单相正弦交流电路分析；项目 4 为三相正弦交流电路分析；项目 5 为互感、磁路和交流铁心电路分析；项目 6 为线性电路的动态过程分析；项目 7 为非正弦周期电流电路认知。教学时数为 72 学时左右，标"＊"内容为选学内容，可根据教学实际选学。

修订后的第 2 版由广西机电职业技术学院黄宇平、林勇坚担任主编，广西通信规划设计咨询有限公司杨华军、广西机电职业技术学院喻宁娜、雷志坤担任副主编，广西壮族自治区来宾市无线电监测中心罗辉、南宁师范大学杨燕、广西机电职业技术学院张联、韦鸿参与编写。其中项目 1 由雷志坤编写，项目 2 由喻宁娜、罗辉编写，项目 3 由黄宇平编写，项目 4 由杨华军、张联编写，项目 5 由林勇坚、杨燕编写，项目 6 由黄宇平、韦鸿编写，项目 7 由雷志坤编写。全书由黄宇平、林勇坚统稿，林运恕审稿。

限于编者水平，书中难免有疏漏错误之处，恳请读者批评指正。

编　者

第1版 前言

本书是依照高职高专电气自动化技术专业的人才培养目标和电工职业技能鉴定的要求，同时兼顾其他专业的培养方案，按项目化课程改革要求编写而成的理论实践一体化的教学用书，全书教学时数为72学时左右。

在编写本书时，我们始终秉承"以学生为出发点，以职业标准为依据，以职业能力为核心"的理念，从职业能力培养的角度出发，力求体现职业培养的规律，满足职业技能培训与鉴定考核的需要，成人、育人相统一。本着"必需、够用"的原则，编写时降低了理论深度，精选了教材内容，省略了公式中复杂的数学推导过程，增加了例题的数量和类型，注重理论联系实际。此外，每章后面有本章小结与习题，并附有习题参考答案。在理论论述上，尽可能简明扼要，通俗易懂，并注重从具体的例子引出结论。此外，教材利用信息化手段，通过图片、电子课件、案例、视频、习题、模拟试卷及拓展知识等，助力教学开展。

全书采用项目化的编写方式，共分为7个项目：项目一为电路的基本概念认知；项目二为直流电路的分析；项目三为单相正弦交流电路；项目四为三相正弦交流电路；项目五为互感、磁路和交流铁心电路；项目六为线性电路的动态过程；项目七为非正弦周期电流电路。其中项目一、七由雷志坤编写，项目二由覃缓贵编写，项目三由黄宇平编写，项目四由张联编写，项目五由林勇坚、梁兵编写，项目六由韦鸿编写。全书由黄宇平、林勇坚统稿，林运恕审稿。

限于编者水平，书中难免有疏漏错误之处，恳请读者批评指正。

编　者

二维码索引

（续）

目　录

项目1 电路的基本概念认知

学习目标

1）了解电阻、电感、电容和电源等基本电路元件的特性，掌握其识别和检测方法。
2）了解电路的组成及其基本物理量的意义、单位和符号。
3）掌握电压、电流的概念及其参考方向的规定。
4）掌握功与电功率的计算方法。
5）掌握理想电源的特性。

工作任务

1. 任务描述

对常用的基本电路元件电阻、电感和电容进行识别与检测。

1）所用仪器设备：指针式万用表、数字式万用表。

2）所用元件：各类电阻、电感、电容。

3）任务内容：①学会使用指针式万用表、数字式万用表；②识别常用的电阻、电感、电容等元件，了解它们的类型、标称值读取方法及用途等；③利用万用表对电阻器、电感器、电容器的性能和参数进行测试。

2. 任务实施

（1）测量电阻及电位器阻值

1）测量电阻阻值：

① 根据色标法读数，得出阻值。

② 根据得出的阻值确定万用表的量程。

③ 万用表调零。

④ 测量电阻值，读出显示的阻值。

⑤ 记录数据，见表1-1。

表1-1　数据记录表格（一）

序　号	色环颜色	读出阻值	标识误差	实测值	实际误差
1					
2					
3					
4					
5					

2）测量电位器的最大阻值和最小阻值：

① 根据电位器上的标识确定万用表量程。

② 万用表调零。

③ 将电位器的调节杆旋至最大。

④ 用万用表测量最大阻值，记录数据，见表 1-2；之后旋转调节杆，期间不放开表笔，观察阻值的连续变化。

⑤ 旋至最小阻值时，记录数据，见表 1-2。

表 1-2　数据记录表格（二）

序号	型号	最大阻值	最小阻值	旋转调节杆阻值变化
1				
2				
3				

（2）测量电容好坏

① 根据电容器上的标识确定万用表量程。

② 将被测电容器两电极短接放电，然后断开，用指针式万用表两只表笔分别接电容器的两个电极。

③ 观察表针的反应，并记录，见表 1-3。

表 1-3　数据记录表格（三）

序号	类型	标称值	判断好坏
1			
2			
3			
4			
5			

（3）测量变压器好坏

1）将万用表拨至 $R \times 1$ 档，按照变压器各绕组引脚排列规律，逐一检查各绕组的通断情况，进而判断其是否正常。

2）检测绝缘性能。将万用表置于 $R \times 10k$ 档，做如下几种状态测试：

① 测量一次绕组与二次绕组之间的绝缘电阻值。

② 测量一次绕组与外壳之间的绝缘电阻值。

③ 测量二次绕组与外壳之间的绝缘电阻值。

相关实践知识

1. 万用表的使用

万用表分指针式和数字式两大类。指针式万用表直观性强，经济耐用，灵敏度高，但读数准确度稍差，如图 1-1 所示；数字式万用表读数准确度高，显示直观，有过载保护，但价格稍贵，如图 1-2 所示。

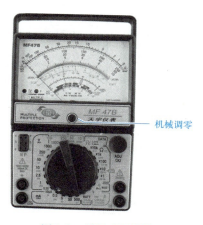

图1-1　指针式万用表

图1-2　数字式万用表

指针式万用表又称为机械万用表，其表头的刻度盘和量程选择开关如图1-3所示。

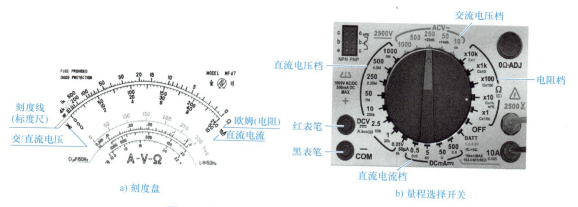

a) 刻度盘

b) 量程选择开关

图1-3　指针式万用表刻度盘和量程选择开关

使用指针式万用表前，应将其水平放置，若指针不指0，则必须进行机械调零，如图1-4所示。

现以指针式万用表为例说明万用表的基本使用方法：

1）测量电阻阻值：先估计阻值，将量程选择开关拨至适当的欧姆档，将红、黑两根表笔短接，使指针向右偏转，调整欧姆调零旋钮，使指针恰好指到欧姆档刻度线"0"位置，即进行欧姆调零。然后将两根表笔分别接触被测电阻（或电路）两端，读取指针在欧姆档刻度线（第一条线）上的读数，再

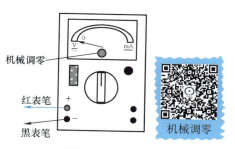

图1-4　机械调零

乘以该档标的数字，就是所测电阻的阻值。例如用 $R \times 100$ 档测量电阻阻值，指针指在"8"，则所测得的电阻值为 $8 \times 100\Omega = 800\Omega$。由于欧姆档刻度线左部读数较密，难以看准，所以测量时应选择适当的欧姆档，使指针在刻度线的中部或右部，这样读数才比较清楚准确。每次换档后，都应重新将两根表笔短接，重新调零。电阻测量如图1-5所示。

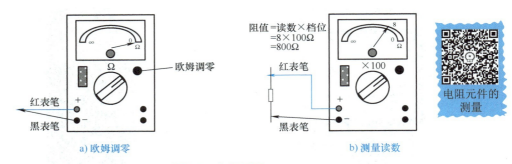

a) 欧姆调零　　　　　　　　　　　　b) 测量读数

图 1-5　电阻测量

2）测量直流电压：先估计被测电压的大小，然后将量程选择开关拨至适当的直流电压档，将红表笔接被测电压"＋"端，黑表笔接被测电压"－"端，并联接在被测电路两端，读取"$\underline{V}$"刻度线（第二条线）上指针所指的数字来读取被测电压的大小。直流电压测量如图 1-6 所示。

3）测量交流电压：测交流电压的方法与测量直流电压相似，所不同的是由于交流电没有正、负之分，所以测量交流电压时，表笔也就不需分正、负。读数方法与上述的测量直流电压的读法一样。交流电压测量如图 1-7 所示。

4）测量直流电流：先估计被测电流的大小，然后将量程选择开关拨至合适的直流电流档，把万用表按"＋""－"极性串联接在电路中，读取"$\underline{mA}$"刻度线上指针所指数字来读取电流数值。直流电流测量如图 1-8 所示。

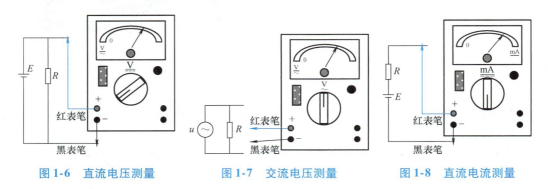

图 1-6　直流电压测量　　　　图 1-7　交流电压测量　　　　图 1-8　直流电流测量

注意： 使用万用表测量某一电量时，不能在测量的同时换档，尤其是在测量高电压或大电流时更应注意，否则会使万用表毁坏。如需换挡，应先断开表笔，换档后再测量。

2. 电路基本元件的识别与检测

（1）电阻的识别和检测

1）电阻的识别。实际电阻按制作材料不同，可分为绕线电阻和非绕线电阻两大类。非绕线电阻因制造材料的不同，又分为碳膜电阻、金属膜电阻、金属氧化膜电阻及实心碳质电阻等。另外还有特殊用途的电阻，如热敏电阻、压敏电阻及光敏电阻等。

常用电阻元件的外形、特点与应用见表 1-4。

表 1-4　常用电阻元件的外形、特点与应用

名称	实物图	特点与应用
碳膜电阻	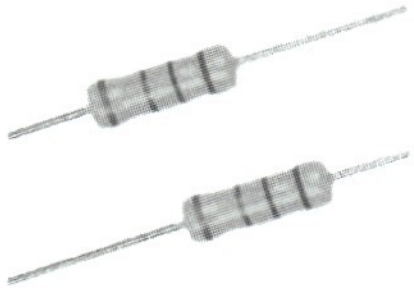	碳膜电阻稳定性较高，噪声较小。一般在无线电通信设备和仪表中，用于限流、阻尼、分流、分压、降压、匹配及用作负载等
金属膜电阻	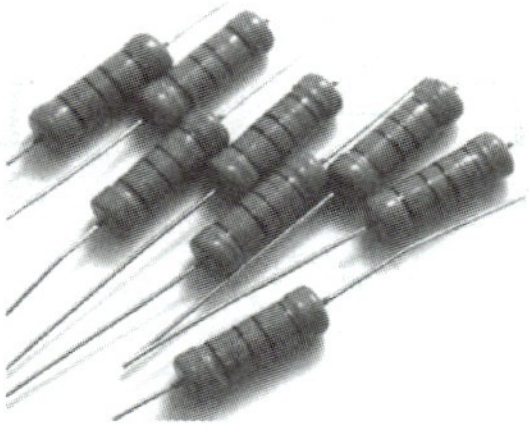	金属膜电阻具有噪声小、耐高温、体积小、稳定性和精密度高等特点。用途与碳膜电阻一样
实心碳质电阻		实心碳质电阻具有成本低、阻值范围广、容易制作等特点，但阻值稳定性差，噪声和温度系数大。用途和碳膜电阻一样
绕线电阻	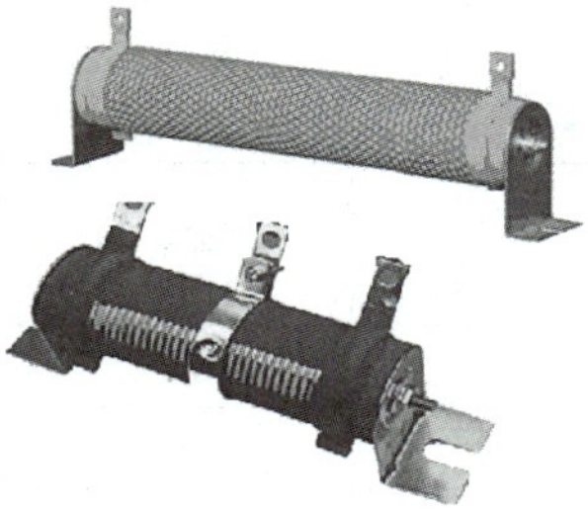	绕线电阻有固定和可调式两种。特点是稳定、耐热性能好、噪声小、误差范围小。一般在功率和电流较大的低频交流和直流电路中用于降压、分压或用作负载等。额定功率大都在 1W 以上
电位器	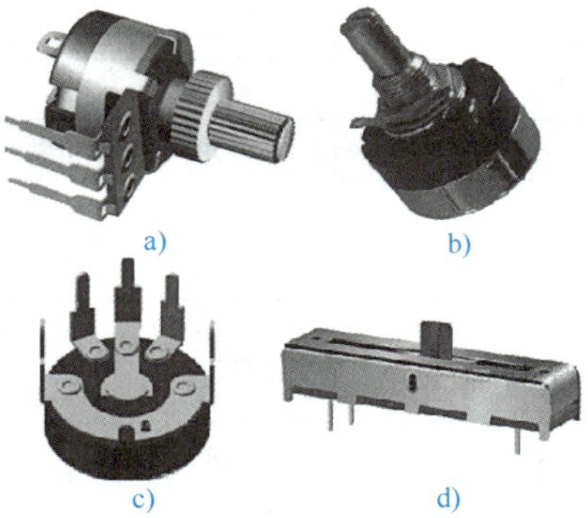 a)　　　　b) c)　　　　d)	a）绕线电位器阻值变化范围小，功率较大 b）碳膜电位器稳定性较高，噪声较小 c）推拉式带开关碳膜电位器使用寿命长，调节方便 d）直滑式碳膜电位器节省安装位置，调节方便

电阻的类别、标称阻值、误差及额定功率一般标注在电阻元件的外表面上，目前常用的标注方法有两种：

① 直标法。直标法是将电阻的类别及主要技术参数直接标注在它的表面上，如图 1-9a 所示，例如 3.3kΩ 标为 "3k3"，这样可以避免因小数点面积小不易看清。

② 色标法。色标法是将电阻的类别及主要技术参数用颜色（色环或色点）标注在它的

表面上，如图 1-9b 所示。碳质电阻和一些小碳膜电阻的阻值和误差一般用色环来表示。

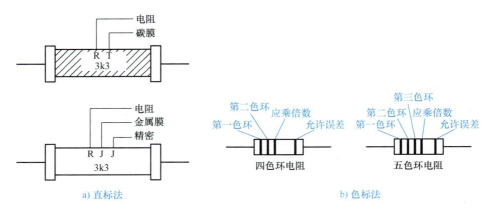

a) 直标法   b) 色标法

图 1-9   电阻的规格和标注法

色环所代表的数字及数字意义见表 1-5。举例如下：

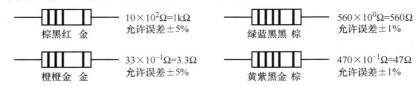

棕黑红 金 $10×10^2Ω=1kΩ$ 允许误差 ±5%

橙橙金 金 $33×10^{-1}Ω=3.3Ω$ 允许误差 ±5%

绿蓝黑黑 棕 $560×10^0Ω=560Ω$ 允许误差 ±1%

黄紫黑金 棕 $470×10^{-1}Ω=47Ω$ 允许误差 ±1%

表 1-5   色环所代表的数字及数字意义

色 别	第一色环 （第一位数）	第二色环 （第二位数）	第三色环 （第三位数）	应乘倍数	允许误差
黑色	0	0	0	10^0	—
棕色	1	1	1	10^1	±1%
红色	2	2	2	10^2	±2%
橙色	3	3	3	10^3	—
黄色	4	4	4	10^4	—
绿色	5	5	5	10^5	±0.5%
蓝色	6	6	6	10^6	±0.25%
紫色	7	7	7	10^7	±0.10%
灰色	8	8	8	10^8	±0.05%
白色	9	9	9	10^9	—
金色	—	—	—	10^{-1}	±5%
银色	—	—	—	10^{-2}	±10%
无色	—	—	—		±20%

电阻的标称功率通常有 $\frac{1}{8}$ W、$\frac{1}{4}$ W、$\frac{1}{2}$ W、1W、2W、3W、5W、10W 和 20W 等，如图 1-10 所示。

2）电阻的检测。通常可用万用表欧姆档对电阻进行检测。测量前要先进行调零，测量

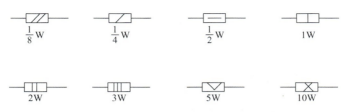

图 1-10　电阻的标称功率及对应符号

时不能用双手同时捏住电阻或表笔，否则人体电阻与被测电阻器并联影响测量准确度。在进行精确测量时可用电桥。

（2）电感的识别和检测

1）电感的识别。电感线圈按功能来分，有高频阻流圈、低频阻流圈、调谐线圈、滤波线圈、提升线圈、稳频线圈、补偿线圈、天线线圈、振荡线圈及陷波线圈等；按结构来分，有单层螺旋管线圈、蜂房式线圈、铁粉心或铁氧体心线圈及铜心线圈等。

常用电感线圈的外形、特点与应用见表 1-6。

表 1-6　常用电感线圈的外形、特点与应用

名称	实物图	特点与应用
单层螺旋管线圈	b) a)　c)	a）密绕绕法：简单，容易制作，但体积大，分布电容大，一般用于较简单的收音机电路 b）间绕法：具有较高的品质因数和稳定度，多用于收音机的短波电路 c）脱胎绕法：分布电容小，具有较高的品质因数，改变线圈的间距可以改变电感量，多用于超短波电路
蜂房式线圈		体积小，分布电容小、电感量大，多用于收音机中波段振荡电路
铁粉心或铁氧体心线圈		为了调整方便，提高电感量和品质因数，常在线圈中加入一种特制材料（铁粉心或铁氧体），不同的频率采用不同的磁心。利用螺纹的旋动，可调节磁心与线圈的位置，从而也改变了这种线圈的电感量。多用于收音机的振荡电路及中频调谐回路

（续）

名称	实物图	特点与应用
铜心线圈		为了改变电感量和调整可靠方便、耐用，在一些超短波范围用的线圈常采用铜心线圈，利用旋动铜心在线圈中的位置来改变电感量。多用于电视机的高频头内
阻流圈	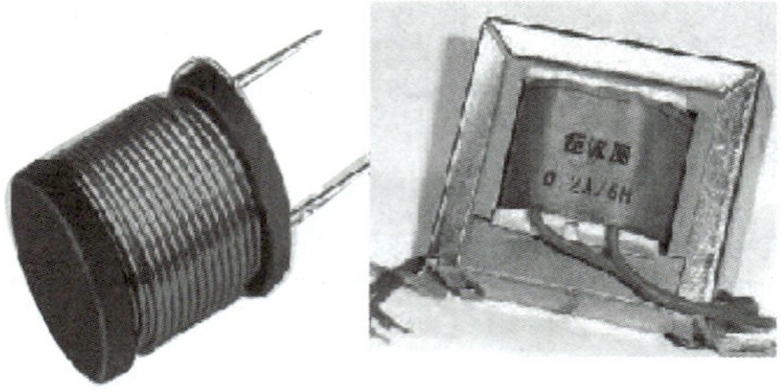 \n a)　　　　　　b)	a）高频阻流圈的电感量较小，分布电容和介质损耗小，用来阻止高频信号通过而让较低频率的交流信号和直流通过。通常采用陶瓷和铁粉心做骨架 b）低频阻流圈具有较大的电感量，线圈中都插有铁心，常与电容元件组成滤波电路，消除整流后残存的一些交流成分而只让直流通过

电感线圈的主要参数有：电感量 L 和品质因数 Q。

① 电感量 L：线圈的电感量 L 也称为自感系数或自感，是表征线圈产生自感应能力的一个物理量。当线圈中及其周围不存在铁磁物质时，通过线圈的磁链与其中流过的电流成正比，其比值称为电感量。

② 品质因数 Q：线圈的品质因数 Q 是指线圈在某一频率的交流电压下工作时所呈现的感抗与其等效损耗电阻之比。线圈的 Q 值越高，回路的损耗越小，电路的效率越高。线圈的 Q 值通常为几十至几百。

2）电感的检测。

① 电阻测量：可用万用表测线圈阻值来判断好坏，即用万用表检查线圈是否有短路、断路或绝缘不良等现象。一般的电感线圈的直流电阻值很小，只有零点几欧到几欧；低频扼流线圈的电感量较大，线圈匝数相对较多，直流电阻值相对较大（几百欧到几千欧）。若测得线圈电阻为无穷大时，表明线圈内部或引出线已经断线；若万用表指针为零，则表明线圈内部短路。

② 绝缘测量：对低频阻流圈，应检查线圈和铁心之间的绝缘电阻，即测量线圈引线与铁心或金属屏蔽罩之间的电阻，阻值应为无穷大，否则说明线圈绝缘不良。

（3）电容器的识别和检测

1）电容器的识别。电容器可分为固定电容器和可变电容器两大类。固定电容器按介质来分，有云母电容器、瓷介电容器、纸介电容器、有机薄膜电容器（包括塑料、涤纶等）、玻璃釉电容器、漆膜电容器和电解电容器等。可变电容器有空气可变电容器和密封可变电容器两类。半可变电容器又分为瓷介微调电容器、塑料薄膜微调电容器和线绕微调电容器等。

常用电容器的外形、特点与应用见表 1-7。

表 1-7　常用电容器的外形、特点与应用

名称	实物图	特点与应用
云母电容器		耐高温、高压，性能稳定，体积小，漏电小，但电容量小。宜用于高频电路中
瓷介电容器		耐高温，体积小，性能稳定，漏电小，但电容量小。可用于高频电路中
纸介电容器		价格低，损耗大，体积也较大。宜用于低频电路中
金属化纸介电容器		体积小，电容量较大，受高电压击穿后，能"自愈"，即当电压恢复正常后，该电容器仍然能照常工作。一般用于低频电路中
有机薄膜电容器		电容器的介质是聚苯乙烯和涤纶等，前者漏电小，损耗小，性能稳定，有较高的精密度，可用于高频电路中；后者介电常数高，体积小，容量大，稳定性较好，宜做旁路电容
油质电容器		又称油浸纸介电容器，电容量大，耐压高，但体积大。常用于大电力无线电设备中

（续）

名称	实物图	特点与应用
钽（或铌）电容器		是一种电解电容器，体积小，容量大，性能稳定，寿命长，绝缘电阻大，温度特性好。用于要求较高的设备中
电解电容器		电容量大，有固定的极性，漏电大，损耗大。宜用于电源滤波电路中
半可变（微调）电容器		用螺钉调节两组金属片间的距离来改变电容量。一般用于振荡或补偿电路中
可变电容器		由一组（多组）定片和一组（多组）动片所构成，其容量随动片组转动的角度不同而不同。空气可变电容器多用于大型设备中；聚苯乙烯薄膜密封可变电容器体积小，多用于小型设备中

电容的规格标注方法与电阻元件类似，也有直标法和色标法两种。

① 直标法：将主要参数和技术指标直接标注在电容器表面上。在直标法中，电容的单位分别为 pF、μF 和 F，允许误差直接用百分数表示。如 3.3pF 标注为"3p3"，3300μF 标注为"3m3"。

② 色标法：与电阻元件的色标法相同。

2）电容的检测。选择万用表欧姆档（$R \times 100$ 或 $R \times 1k$ 档），用表笔接触电容的两引线。刚搭上时，表头指针将发生摆动，然后再逐渐返回趋向 $R = \infty$ 处，这就是电容的充电现象（0.1μF 以下的电容器观察不到此现象）。电容越大则指针摆动越大；指针稳定后所指示的值就是漏电阻值，一般为几百到几千兆欧，阻值越大，电容器的绝缘性能越好。检测时，如果表头指针指到或靠近欧姆零点，则说明电容器内部短路；若指针不动，始终指向 $R = \infty$ 处，则说明电容器内部开路或失效。

电容元件的检测

注意： 5000pF 以上的电容器可用万用表电阻最高档判别，5000pF 以下的小容量电容器应采用专门测量仪器判别。

相关理论知识

1.1　电路和电路模型

1.1.1　电路

经济社会的发展离不开电力。我国是世界上最早使用电力的国家之一，据统计，2022年我国发电量达 8.7 万亿 kW·h，2023 年增长率为 6.9%。

电路就是电的流通路径，通常由电源、负载、连接导线和控制器组成。其中，电源是将非电能转换为电能的设备，如电池、发电机等；负载将电能转换成人们需要的其他能量，如各种家用电器和用电设备等；连接导线用以传输电能；控制器用以控制电路的通、断，如各种开关、熔断器等。图 1-11 所示为大家所熟悉的普通手电筒，就是一种最简单的完整电路。

它由以下四个部分组成：

1）电源——干电池，将化学能转换为电能。

2）负载——小电珠，将电能转换为光能。

3）控制器——开关，通过开关的闭合与断开控制小电珠的发光情况。

4）连接导线——金属容器、卷线连接器，相当于传输电能的金属导线，将手电筒中各元件连接起来。

图 1-11　手电筒电路示意图

1.1.2　电路模型

实际电路中的元件种类很多，按基本功能划分主要有以下几种：以消耗电能为主要功能的元件，如各种电阻器、白炽灯、电烙铁等；以储存磁场能量为主要功能的元件，如各种电感线圈；以储存电场能量为主要功能的元件，如各种电容器；还有的元件主要提供电能，如电池、发电机等。

为了便于对电路进行分析和计算，常将实际元件理想化，使每一种元件只集中体现一种主要的功能特征，这样的理想化元件就是实际元件的模型。理想化元件简称为电路元件。理想化元件有电阻、电感、电容等，将在本项目后文中详细介绍其特性。

实际元件也可用一种或几种电路元件的组合来近似地表示。例如，一个线圈既有电感又有内阻，可看成是电感元件和电阻元件的组合。

由电路元件构成的电路，称为电路模型。电路元件一般用国标规定的图形符号及文字符号表示。如图 1-11 所示的手电筒电路，其电路模型可用图 1-12 来表示。

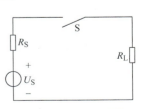

图 1-12　手电筒电路模型

 知识加油站：电路工作状态

电路通常有 3 种工作状态：

1）通路：电路各部分连接成闭合回路，处于正常工作状态。如图 1-13 所示，开关 S 闭合，灯 L_2 点亮，正常工作。

2）断路：电路断开，没有电流通过的状态，也叫开路。如图 1-13 所示，开关 S 断开，灯 L_2 熄灭，不工作。

特点：电路断开，阻值 $R = \infty$，电流 $I = 0$，但断口处有电压 U。

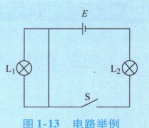

图 1-13　电路举例

3）短路：电路（或电路的一部分）的两端被导线或等效为导线的其他物体直接连接。如图 1-13 所示，灯 L_1 被导线短接，始终不工作。

特点：短路处阻值 $R = 0$，短路电流 I 很大，被短路部分电压 $U = 0$。

短路通常是一种严重事故，易造成电路损坏，电源瞬间损坏，如温度过高烧坏导线、电源等，要尽量避免。为了防止短路事故所引起的后果，通常在电路中接入熔断器或自动断路器（俗称自动空气开关，具有过载、短路保护功能，如图 1-14 所示），以便发生短路时，能迅速将故障电路自动切除。

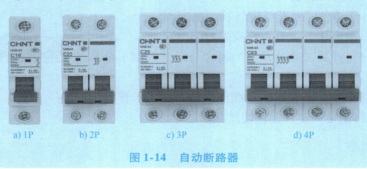

a) 1P　　b) 2P　　c) 3P　　d) 4P

图 1-14　自动断路器

1.2　电路的基本物理量

在电路分析中，人们最关心的是电流、电压以及衡量电能转换的功、电功率等基本物理量及它们之间的相互关系。

1.2.1　电流

1. 电流的定义

电荷做有规则的定向运动就形成了电流。电流的大小定义为单位时间内通过导体某一截面的电荷量的多少，而变化的电流用符号 i 表示，即

$$i = \frac{\mathrm{d}q}{\mathrm{d}t} \tag{1-1}$$

式中，$\mathrm{d}q$ 为时间 $\mathrm{d}t(\mathrm{s})$ 内通过导体某一截面的电荷量（单位：库仑，C）。电流的单位为安培（A）。

大小和方向都不随时间变化的电流称为恒定电流，简称直流电流，采用大写字母 I 表示，则

$$I = \frac{Q}{t} \tag{1-2}$$

式中，Q 为时间 $t(\text{s})$ 内通过导体某一截面的电荷量（C）。

2. 电流的实际方向和参考方向

电流不但有大小，而且有方向。习惯上规定以<u>正电荷</u>运动的方向作为电流的实际方向。

在图 1-15 所示的简单电路中，可以直接判断出电流的方向，即在电源内部电流由负极流向正极，而在电源外部电流则由正极流向负极，形成一个闭合回路。但在较为复杂的电路中，例如图 1-16 所示的桥式电路中，电阻 R_5 的电流 I_5 的实际方向就难以立即判定出来。

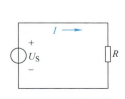

图 1-15　简单电路

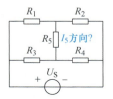

图 1-16　较复杂电路

在电路分析中，当某电流的实际方向难以判断时，可任意假设一个方向作为该电流的方向，称为电流的参考方向（例如图 1-16 中的 I_5 可假设向上或向下作为参考方向）。当电流的参考方向与实际方向相同时，电流数值前加"＋"号表示，例如图 1-17a 所示的 I 等于 $+5A$，表明该电流参考方向（实线箭头）与实际方向（虚线箭头）一致；反之，若电流的参考方向与实际方向相反，则在电流数值前加"－"号表示，例如图 1-17b 所示的 I 等于 $-5A$。这样，电流的正负号就反映了其参考方向与实际方向之间的关系。

在电路分析中，当按电流参考方向来列方程解题时，如得出的电流值为正值，表示该电流参考方向与实际方向相同；若解得负值，则表示该电流参考方向与实际方向相反。

电流的参考方向有两种表示方法，如图 1-18 所示。

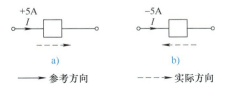

图 1-17　电流的参考方向和实际方向

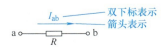

图 1-18　电流参考方向表示法

1. 2. 2　电压

1. 电压的大小

在电路中，a、b 两点间的电压在数值上等于将单位正电荷从电路中 a 点移到 b 点电场力所做的功，用 u_{ab} 表示，则

$$u_{ab} = \frac{\text{d}W_{ab}}{\text{d}q} \tag{1-3}$$

式中，$\text{d}W_{ab}$ 为电场力把正电荷 $\text{d}q$（C）从电路中 a 点移到电路中 b 点时所做的功（J）。并规定电压的方向为电场力做功使正电荷移动的方向。

大小和方向都不随时间变化的电压称为恒定电压，简称直流电压，采用大写字母 U 表

示，如 a、b 两点间的直流电压为

$$U_{ab} = \frac{W_{ab}}{Q} \tag{1-4}$$

电压的单位为伏特，简称伏（V），常用的单位还有千伏（kV）、毫伏（mV）和微伏（μV）。它们之间的换算关系为

$$1V = 1000mV = 10^3 mV$$
$$1V = 1000000\mu V = 10^6 \mu V$$
$$1kV = 1000V = 10^3 V$$

2. 电压的实际方向与参考方向

与电流类似，在分析和计算电路时，也常要预先假设好电压的参考方向。当电压的参考方向与实际方向一致时，在电压数值前加"＋"号，反之加"－"号。例如在图 1-19a 中，电压的参考方向（或参考极性）与实际方向（或实际极性）一致，U 取正值；在图 1-19b 中，电压的参考方向（或参考极性）与实际方向（或实际极性）相反，则 U 取负值。这样，电压值的正负就可以表示其实际方向和参考方向之间的关系。

在电路分析中，如设定好了电压的参考方向，按电压参考方向来列方程解题，根据电压值的正负，可以判断出该电压的实际方向（或实际极性）。

电压的参考方向有三种表示方法，如图 1-20 所示。

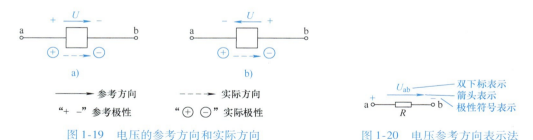

图 1-19　电压的参考方向和实际方向

图 1-20　电压参考方向表示法

3. 电压、电流的关联参考方向

在进行电路分析时，电流与电压的参考方向是可以任意选定的。对于同一段电路或同一个电路元件来说，如果所取电流的参考方向与电压的参考方向一致，则称之为**关联参考方向**，如图 1-21a 所示；反之，如果电流的参考方向与电压的参考方向不一致，则称之为**非关联参考方向**，如图 1-21b 所示。当采用参考方向后，在电路中只需标明电压或电流的参考方向即可。

a) 关联参考方向　　　　b) 非关联参考方向

图 1-21　电压与电流的关联参考方向

1.2.3　电位

在电路中，把某点 A 到选定的参考点 O 之间的电压称为 A 点的电位，记为 V_A。所选定参考点的电位设为零。参考点可以根据电路分析的需要人为设置，一般设在电子设备的外壳或电源负极处。例如在图 1-22 所示的一段电路中，电流由 A 点经过 5Ω 和 10Ω 的电阻流向

B 点，若设 O 点为参考点，则 O、A、B 点的电位分
别为

$$V_O = 0$$
$$V_A = U_{AO} = 2 \times 5V = 10V$$
$$V_B = U_{BO} = -U_{OB} = -(2 \times 10)V = -20V$$

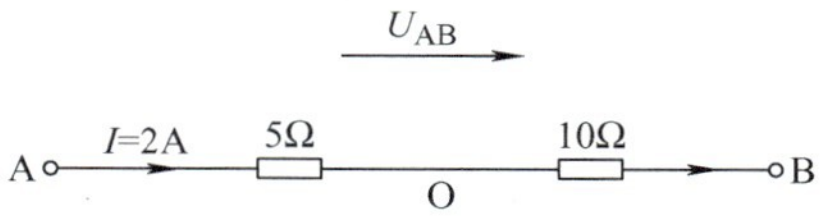

图 1-22　一段电路中的某点电位

在电路中，<u>两点之间的电压等于这两点的电位差，且电压的方向由高电位指向低电位</u>。
例如在图 1-22 中，A、B 两点间的电压为

$$U_{AB} = V_A - V_B = 10V - (-20V) = 30V$$

U_{AB} 的方向由 A 指向 B。

📝 **知识加油站：等电位应用**

思考：人不可以触摸高压线，但是鸟站在上面（图 1-23）为什么不会被电到？

触电时有电流通过身体。当小鸟站在高压线上，双爪落在同一根电线，爪间距很小，双爪的电位几乎相等。所以小鸟双爪间的电压很小，通过小鸟身体的电流也很小，几乎可忽略不计，也就电不着小鸟了。

我们把电位相等的点称为等电位点，两点之间的电压为 0。

$$\left.\begin{array}{r} U_{AB} = V_A - V_B \\ V_A = V_B \end{array}\right\} \Rightarrow U_{AB} = 0$$

中国拥有全球领先的特高压技术。中国特高压创造了很多世界之最，在运行维护方面，是世界第一的。"西电东送"将西部的清洁能源输送到经济发达、急需能源的东部地区。等电位作业人员（如图 1-24 所示）在不停电情况下检修输电线路的故障，在避免巨大经济损失方面做出了重大贡献。

图 1-23　高压线路上的小鸟

图 1-24　等电位作业人员

河南省 ±1100kV 昌吉—古泉特高压输电线路是目前世界上电压等级最高的线路。2019 年 11 月 21 日，国网河南省电力公司检修公司的检修人员在不停电的情况下对这条线路进行作业，成功消除了隐患。一项新的最高电压等级带电作业世界纪录就此诞生。

注：等电位作业是指当穿上屏蔽服的等电位作业人员进入带电设备的静电场操作时，人体与带电体的电位差须等于零。

1.2.4　电功率与电能

单位时间电流流过负载所做的功称为电功率，简称为*功率*，用字母 p 表示，单位为瓦

特，简称瓦（W）。由式(1-4) 可得，在直流情况下电功率表示为

电功率

$$P = \frac{W}{t} = \frac{QU}{t} = \frac{UIt}{t} = UI \tag{1-5}$$

式中，P 为负载功率（W）；W 为电流流过负载所做的功（J）；U 为负载端电压（V）；I 为流过负载的电流（A）；t 为时间（s）。

若电压、电流的参考方向相关联，则 $P = UI$，$P > 0$ 表示该电路元件吸收功率（即可看成是负载），$P < 0$ 表示该电路元件发出功率（即可看成是电源）。若电压、电流的参考方向为非关联，则 $P = -UI$，$P > 0$ 表示该电路元件吸收功率，$P < 0$ 表示该电路元件发出功率。

功是衡量电路消耗电能多少的物理量。当已知某电路设备的功率为 P 时，则在时间 t 内它所消耗的功（电能）为

$$W = Pt \tag{1-6}$$

式中，W 为功（J）；P 为设备功率（W）；t 为时间（s）。

功的单位为焦耳，简称焦（J）。工程上一般用千瓦·时（kW·h）作为单位。二者的换算关系为

$$1\mathrm{kW \cdot h} = 3.6 \times 10^6 \mathrm{J}$$

例1-1 在图 1-25 所示电路中，方框表示电源或电阻，各元件的电压和电流的参考方向如图 1-25a 所示。已知 $I_1 = 2\mathrm{A}$，$I_2 = -1\mathrm{A}$，$I_3 = 3\mathrm{A}$，$U_1 = 4\mathrm{V}$，$U_2 = -4\mathrm{V}$，$U_3 = 7\mathrm{V}$，$U_4 = -3\mathrm{V}$。

（1）试标出各电流和电压的实际方向。

（2）试求每个元件的功率，并判断其是电源装置还是负载元件。

解

（1）当电流、电压值为正时，其实际方向与参考方向一致；反之实际方向与参考方向相反。按照以上原则，得出各电流和电压的实际方向（用虚线表示）如图 1-25b 所示。

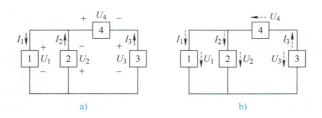

a)   b)

图 1-25 电路举例

（2）计算各元件的功率

元件 1：电压和电流参考方向一致，为关联参考方向。

$P_1 = U_1 I_1 = 4 \times 2\mathrm{W} = 8\mathrm{W}$，表明该元件吸收功率，为负载元件。

元件 2：电压和电流参考方向一致，为关联参考方向。

$P_2 = U_2 I_2 = (-4) \times (-1)\mathrm{W} = 4\mathrm{W}$，表明该元件吸收功率，为负载元件。

元件 3：电压和电流参考方向不一致，为非关联参考方向。

$P_3 = -U_3 I_3 = -7 \times 3\mathrm{W} = -21\mathrm{W}$，表明该元件发出功率，为电源装置。

元件 4：电压和电流的参考方向不一致，为非关联参考方向。

$P_4 = -U_4 I_3 = -(-3) \times 3\mathrm{W} = 9\mathrm{W}$，表明该元件吸收功率，为负载元件。

1.3　电阻元件及其伏安特性

1.3.1　电阻元件

电阻元件是由实际电阻器抽象出来的理想化模型，主要用于限流、分流、降压、分压或与其他元器件配合达到某种特殊功能。从能量转换角度出发，电阻元件阻碍电流通过，消耗电能，产生热量，所以电阻元件是一种消耗电能的元件。

电阻的阻值大小与构成它的导体长度、横截面积和材料有关，一般还会与温度有关。用公式表示为

$$R = \rho \frac{l}{S} \tag{1-7}$$

式中，ρ 为比例系数，称为材料的电阻率，是一个只与材料有关的物理量，单位为欧姆·米（$\Omega \cdot m$）；l 为导体长度（m）；S 为导体横截面积（m^2）。

1.3.2　电阻元件的伏安特性

流过电阻元件的电流大小随电阻两端电压变化的特性称为伏安特性。线性电阻的伏安特性曲线是一条在以电流为横坐标、电压为纵坐标的直角坐标系上的过原点的直线，如图 1-26a 所示。线性电阻可用图 1-26b 所示的符号来表示。

由线性电阻元件的伏安特性可知，流过电阻的电流与该电阻两端的电压成正比，此规律称为欧姆定律，即

$$I = \frac{U}{R} \tag{1-8}$$

式中，I 为流过电阻的电流（A）；U 为电阻两端的电压（V）；R 为元件电阻值（Ω）。

由欧姆定律可得到电阻的表达式

$$R = \frac{U}{I}$$

在工程上，还有许多电阻性质的元器件，其伏安特性曲线是一条过原点的曲线而非直线，这样的电阻元件称为非线性电阻元件。例如二极管用作电阻功能时就是一种非线性电阻元件，其伏安特性曲线如图 1-27 所示。

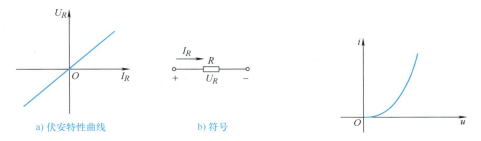

a) 伏安特性曲线　　　　b) 符号

图 1-26　线性电阻元件的伏安特性曲线与符号　　　图 1-27　非线性电阻元件的伏安特性曲线

实际上，各类电阻元件严格来说都是非线性的，只有在一定的工作范围内才能近似地看成是线性电阻，超过了此范围，就成了非线性电阻。对于非线性电阻电路，欧姆定律不

适用。

在电路分析中，还常常会用到电导的概念。电导是衡量导体导电性能的物理量，数值上等于电阻的倒数。导体的电阻越小，电导就越大，导电能力就越强。电导用符号 G 表示，单位是西门子，简称西（S），其表达式为

$$G = \frac{1}{R} = \frac{I}{U} \tag{1-9}$$

式中，I 为流过电阻的电流（A）；U 为电阻两端的电压（V）；R 为元件电阻值（Ω）。

1.4　电感元件及其特性

1.4.1　电感元件

电感元件是由实际电感线圈抽象出来的理想化模型，是利用电磁感应原理工作的电子元件。当变化的电流通过电感线圈时，就会在线圈中产生自感电压。反映线圈产生自感电压能力大小的物理量称为线圈的电感量，简称电感，常用字母 L 表示，单位为亨利，简称亨（H），常用的单位还有 μH、mH，它们之间的换算关系为

$$1H = 10^6 \mu H = 10^3 mH$$

图 1-28a 所示为荧光灯电路，其中的镇流器就是一个电感元件，有了它和辉光启动器的共同作用，荧光灯才能亮起来（有关荧光灯电路的原理将在项目 3 中详细叙述）。图 1-28b 所示为电感元件的符号。

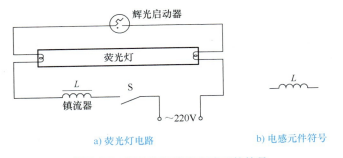

a) 荧光灯电路　　　　　　　b) 电感元件符号

图 1-28　荧光灯电路和电感元件符号

1.4.2　电感元件的特性

当线圈有变化的电流通过时，将在线圈中产生自感电压，自感电压的大小决定于线圈中电流变化的快慢和线圈的横截面面积、材料、匝数以及线圈中介质情况。当电压、电流为关联参考方向时，电感线圈两端的自感电压大小为

$$u = L \frac{di}{dt} \tag{1-10}$$

式中，L 为线圈的电感（H）；u 为线圈两端电压（V）；di（A）为在时间 dt（s）内流过线圈的电流改变量。

从式（1-10）可知，电感元件两端的电压与该时刻的电流变化率成正比。

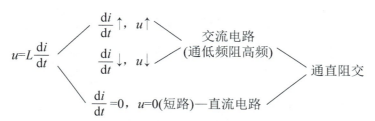

因此，电感元件具有"通直流、阻交流"的作用。

另外，从式（1-10）还可以看到，电感元件中的电流不能跃变，如果电流跃变，则要产生无穷大的电压，对实际电感线圈来说，这是不可能的。这是电感元件的另一个重要特性。

电感元件是一种储能元件。在 t 时刻，电感元件储存的磁场能量为

$$W_L(t) = \int_0^t uidt = \int_0^i Lidi = \frac{1}{2}Li^2(t) \qquad (1-11)$$

式中，$W_L(t)$ 为 t 时刻电感元件储存的磁场能量（J）；L 为线圈的电感（H）；u 为电感元件两端电压（V）；i 为流过电感元件的电流（A）。

上式表明，电感元件在某时刻储存的磁场能量只与该时刻流过电感的电流有关。当电流增加时，电感从电源吸收能量并以磁场能方式储存在线圈中；当电流减小时，电感向外电路释放磁场能，故电感元件在电路中不消耗能量。

 知识加油站：电磁感应的定则和定律

1. 安培定则（又称右手螺旋定则）

（1）安培定则一（通电直导线中的安培定则）

右手握住通电直导线，大拇指指向电流的方向，那么四指的指向就是磁力线的环绕方向，如图1-29a所示。

（2）安培定则二（通电螺线管中的安培定则）

右手握住通电螺线管，使四指弯曲与电流方向一致，那么大拇指所指的那一端是通电螺线管的 N 极，如图1-29b所示。

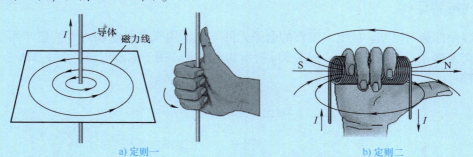

a) 定则一   b) 定则二

图1-29 安培定则

2. 楞次定律

感应电流具有这样的方向，即感应电流的磁场总要阻碍引起感应电流的磁通量的变化，这就是楞次定律。

如图1-30所示，磁铁下移，线圈磁通量增加，产生逆时针感应电流，感

楞次定律

生电流产生向上磁场，阻碍磁铁下移；磁铁上移，线圈
磁通量减小，产生顺时针感应电流，感生电流产生向下
磁场，阻碍磁铁上移。

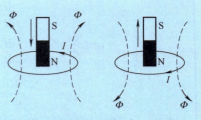

图1-30　楞次定律

3. 右手定则

伸开右手，使拇指与其余四个手指垂直，并且都与
手掌在一个平面内，让磁力线垂直穿过掌心，并使拇指
指向导线运动的方向，这时四指所指的方向就是感应电
流的方向，如图1-31所示。

右手定则又叫发电机定则，用它来确定在磁场中运动的导体感应电动势的方向。

4. 左手定则

伸平左手使拇指与四指垂直，手心向着磁场的 N 极，四指的方向与导体中电流的方
向一致，拇指所指的方向即为导体在磁场中受力的方向，如图1-32所示。

左手定则又叫电动机定则，用它来确定载流导体在磁场中的受力方向。

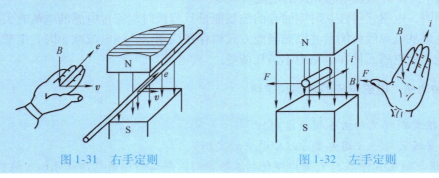

图1-31　右手定则　　　　　　　图1-32　左手定则

1.5　电容元件及其特性

1.5.1　电容元件

电容元件是利用充、放电来工作的电子元件。除了用来存储电能之外，还常用于滤波、
隔直、交流耦合、交流旁路等。图1-33a所示为电容元件用于滤波电路，图1-33b所示为电
容元件符号。

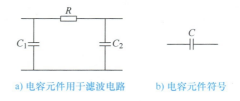

a) 电容元件用于滤波电路　　　b) 电容元件符号

图1-33　电容元件用于滤波电路及电容元件符号

电容元件的容量用符号 C 表示，它反映了电容元件储存电荷能力的大小，单位为法拉
（F），常用的单位还有 μF、pF，它们的换算关系为

$$1F = 10^6 \mu F = 10^{12} pF$$

1.5.2　电容元件的特性

在电路中，当电容充电或放电时，电容两极板上的电荷将发生变化，电容两端电压也跟着发生变化，此时电路中会有电荷做定向移动而形成电流。当电容充满电时，两极板上的电荷也就不再变化，此时电路中没有电流。

当电压、电流取关联参考方向时，流过电容元件的电流为

$$i = C\frac{\mathrm{d}u}{\mathrm{d}t} \tag{1-12}$$

式中，i 为流过电容的电流（A）；C 为电容容量（F）；$\mathrm{d}u$ 为在时间 $\mathrm{d}t$（s）内电容两端电压的改变量（V）。

上式表明流过电容元件的电流与其两极板间的电压对时间的变化率成正比，其中比例常数 C 为电容容量，简称电容。

从式(1-12) 可以看到，通过电容元件的电流与电容两端的电压随时间的变化率成正比。

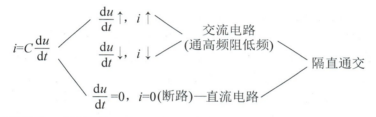

所以电容元件具有"隔直流、通交流"的作用。

另外，从式(1-12) 还可以看到，电容元件两端的电压不能跃变，因为如果电压跃变，则要产生无穷大的电流，对实际电容器来说，这当然是不可能的。这是电容元件的一个重要特性。

电容元件也是一种储能元件，在 t 时刻电容元件储存的电场能量为

$$W_C(t) = \int_0^t ui\mathrm{d}t = \int_0^u Cu\mathrm{d}u = \frac{1}{2}Cu^2(t) \tag{1-13}$$

式中，$W_C(t)$ 为 t 时刻电容元件储存的电场能量（J）；C 为电容的容量（F）；u 为电容两端电压（V）；i 为流过电容的电流（A）。

上式表明，电容元件在某时刻储存的电场能量只与该时刻电容元件的端电压有关。当电压增加时，电容元件从电源吸收能量，储存在电场中的能量增加；当电压减小时，电容元件向外释放电场能量，故电容器也是一种不消耗能量的电路元件。

1.6　理想电源

理想电源是从实际电源中抽象出来的理想模型，分为理想电压源和理想电流源。

1.6.1　理想电压源

理想电压源是以输出电压为主的元件，有以下两个基本特点：

1）理想电压源的端电压为恒定值或一定的时间函数，与流过的电流大小及方向无关。

2）理想电压源所通过的电流可以是任意值，电流的大小和方向取决于与之相连接的外部电路。

理想电压源的符号如图 1-34a 所示，理想电压源的端电压是一个定值 U_S 或是一定的时间函数 u_S。图 1-34b 所示为理想直流电压源的伏安特性曲线，它是一条以 I 为横坐标且平行于 I 轴的直线，表明不论电流为何值，理想直流电压源的端电压总为 U_S。

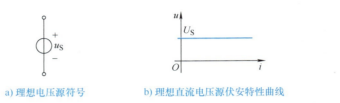

a) 理想电压源符号　　　b) 理想直流电压源伏安特性曲线

电压源

图 1-34　理想电压源

1.6.2　理想电流源

理想电流源是以输出电流为主的元件，它有以下两个基本特点：

1）理想电流源输出的电流为恒定值或一定的时间函数，与其端电压无关。

2）理想电流源两端的电压是任意的，它取决于与之相连接的外部电路。

图 1-35a 所示为理想电流源的符号，理想电流源的电流是一个定值 I_S 或者一定的时间函数 i_S。图 1-35b 所示为理想直流电流源的伏安特性曲线，它是一条以 I 为横坐标且垂直于 I 轴的直线，表明其端电压由外电路决定，不论其端电压为何值，理想直流电流源输出的电流总为 I_S。

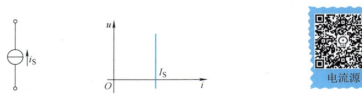

a) 理想电流源符号　　　b) 理想直流电流源的伏安特性曲线

电流源

图 1-35　理想电流源

本项目思维导图

电路的基本概念认知

电路和电路模型

电路基本组成：电源(信号源)、控制器、连接导线、负载

电路模型：由理想化元件构成的电路(具体电路，具体分析)

电路基本物理量

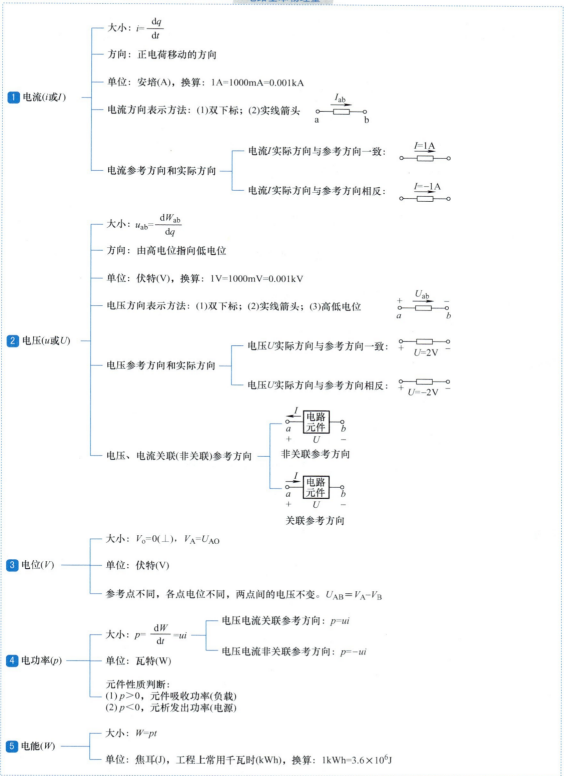

电路基本元件

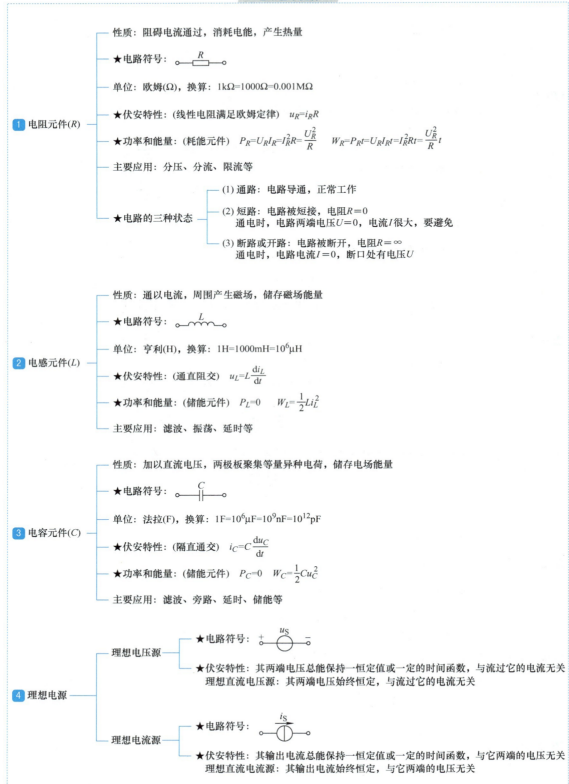

1 电阻元件(R)

性质：阻碍电流通过，消耗电能，产生热量

★电路符号：

单位：欧姆(Ω)，换算：$1k\Omega=1000\Omega=0.001M\Omega$

★伏安特性：(线性电阻满足欧姆定律) $u_R=i_R R$

★功率和能量：(耗能元件) $P_R=U_R I_R=I_R^2 R=\dfrac{U_R^2}{R}$ $W_R=P_R t=U_R I_R t=I_R^2 R t=\dfrac{U_R^2}{R}t$

主要应用：分压、分流、限流等

★电路的三种状态

(1) 通路：电路导通，正常工作

(2) 短路：电路被短接，电阻$R=0$
通电时，电路两端电压$U=0$，电流I很大，要避免

(3) 断路或开路：电路被断开，电阻$R=\infty$
通电时，电路电流$I=0$，断口处有电压U

2 电感元件(L)

性质：通以电流，周围产生磁场，储存磁场能量

★电路符号：

单位：亨利(H)，换算：$1H=1000mH=10^6\mu H$

★伏安特性：(通直阻交) $u_L=L\dfrac{di_L}{dt}$

★功率和能量：(储能元件) $P_L=0$ $W_L=\dfrac{1}{2}Li_L^2$

主要应用：滤波、振荡、延时等

3 电容元件(C)

性质：加以直流电压，两极板聚集等量异种电荷，储存电场能量

★电路符号：

单位：法拉(F)，换算：$1F=10^6\mu F=10^9 nF=10^{12}pF$

★伏安特性：(隔直通交) $i_C=C\dfrac{du_C}{dt}$

★功率和能量：(储能元件) $P_C=0$ $W_C=\dfrac{1}{2}Cu_C^2$

主要应用：滤波、旁路、延时、储能等

4 理想电源

理想电压源

★电路符号：

★伏安特性：其两端电压总能保持一恒定值或一定的时间函数，与流过它的电流无关
理想直流电压源：其两端电压始终恒定，与流过它的电流无关

理想电流源

★电路符号：

★伏安特性：其输出电流总能保持一恒定值或一定的时间函数，与它两端的电压无关
理想直流电流源：其输出电流始终恒定，与它两端的电压无关

习　题

1-1　电路如图 1-36 所示，方框表示电路元件。试按图中标出的电压、电流参考方向及数值计算元件的功率，并判断元件是吸收还是发出功率。

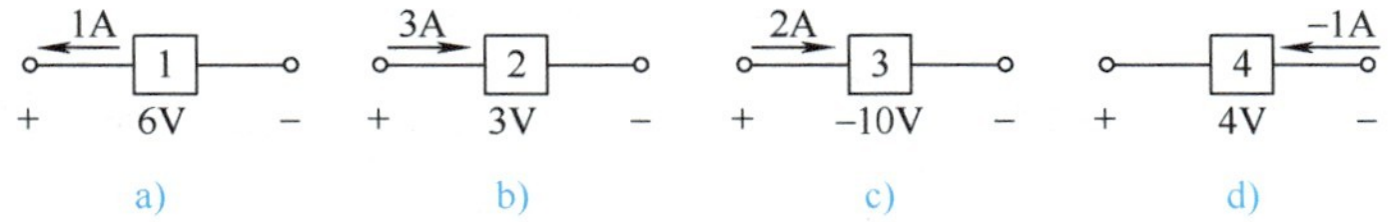

$$
\begin{array}{cccc}
\xleftarrow{1A}\ \boxed{1} & \xrightarrow{3A}\ \boxed{2} & \xrightarrow{2A}\ \boxed{3} & \boxed{4}\ \xleftarrow{-1A} \\
+\ \ 6V\ \ - & +\ \ 3V\ \ - & +\ \ -10V\ \ - & +\ \ 4V\ \ - \\
a) & b) & c) & d)
\end{array}
$$

图 1-36　习题 1-1 电路

1-2　电路如图 1-37 所示，已知电压 $U_S = 20V$，电流 $I_S = 10A$，电阻 $R = 5\Omega$，计算通过电压源的电流 I、电流源两端的电压 U，并判断电路中哪个元件作为电源使用。

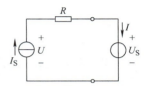

图 1-37　习题 1-2 电路

1-3　某学院有 10 间大教室，每间大教室配有 16 只额定功率为 40W、额定电压为 220V 的荧光灯，平均每天用 4h，问每月（按 30 天计算）该学院这 10 间大教室共用电多少 kW·h？

1-4　求图 1-38 所示各电路中的 R、U 或 I。

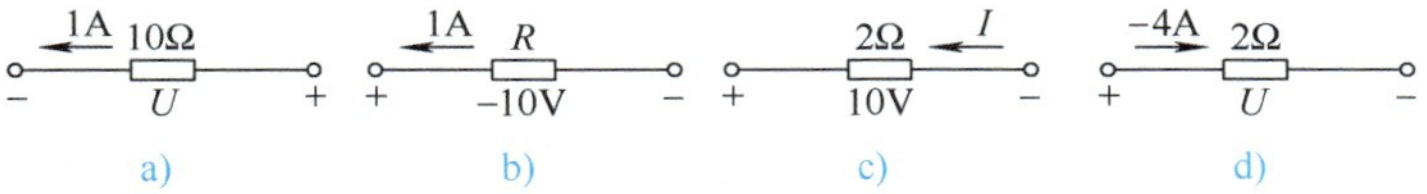

$$
\begin{array}{cccc}
\xleftarrow{1A}\ 10\Omega & \xleftarrow{1A}\ R & 2\Omega\ \xleftarrow{I} & \xleftarrow{-4A}\ 2\Omega \\
-\ \ U\ \ + & +\ \ -10V\ \ - & +\ \ 10V\ \ - & +\ \ U\ \ - \\
a) & b) & c) & d)
\end{array}
$$

图 1-38　习题 1-4 电路

1-5　电路如图 1-39 所示，已知电压 $U = 20V$，电阻 $R_1 = 10k\Omega$，在如下三种情况下，分别求电流 I、电压 U_1 和 U_2。（1）$R_2 = 30k\Omega$；（2）$R_2 = 0$；（3）$R_2 = \infty$。

1-6　图 1-40 所示电路中各电阻元件的伏安关系式，哪些是正确的？哪些是错误的？为什么？

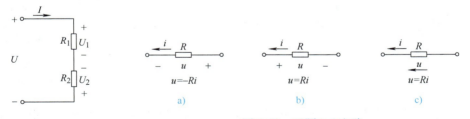

图 1-39　习题 1-5 电路

图 1-40　习题 1-6 电路

1-7　图 1-41 所示电路中各电容元件的伏安关系式，哪些是正确的？哪些是错误的？为什么？

1-8　图 1-42 所示电路中各电感元件的伏安关系式，哪些是正确的？哪些是错误的？为什么？

1-9　有人说，当电容元件两端有电压时，其中必有电流通过。这种说法对吗？为什么？

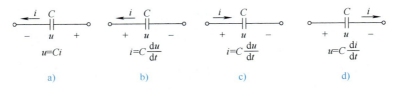

图 1-41　习题 1-7 电路

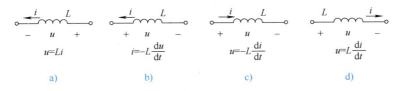

图 1-42　习题 1-8 电路

1-10　有人说，当电感元件两端电压为零时，电感中电流也必定为零。这种说法对吗？为什么？

1-11　在图 1-43 所示电路中，求各段电路的电压 U_{ab}。

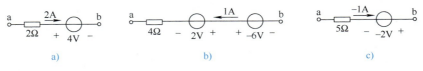

图 1-43　习题 1-11 电路

1-12　电路如图 1-44 所示，求 U_{AB} 和 I。

1-13　电路如图 1-45 所示，求 A、B、C、D 各点的电位。

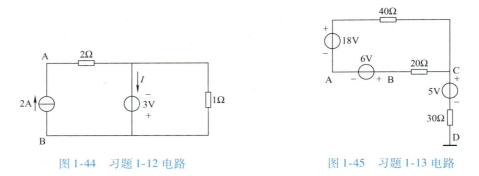

图 1-44　习题 1-12 电路　　　　　　　图 1-45　习题 1-13 电路

1-14　试分别求出图 1-46a 所示电路中 a、b 端的开路电压和图 1-46b 所示 a、b 端的短路电流。

1-15　图 1-47 所示为测量直流电压的电位计，当调节电位器的滑动触头到图 1-47 所示位置时，检流计中无电流通过，试求被测电压 U_X。

1-16　刚开始使用指针式万用表时，发现指针不在零位，测量前必须进行什么操作？使用指针式万用表测量电阻时，应先进行什么操作，以使测量读数准确？

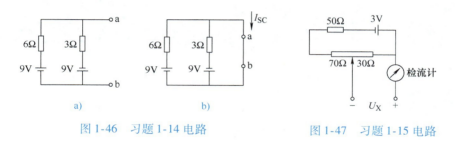

图 1-46　习题 1-14 电路　　　　　图 1-47　习题 1-15 电路

1-17　使用指针式万用表进行电量测量，当选择不同的档位测量时，万用表指针指示如图 1-48 所示，请指出三次测量的结果分别是多少？

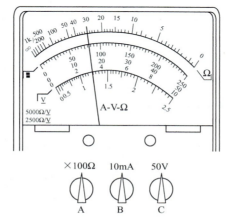

图 1-48　习题 1-17 指针指示

项目1
扫码练习

项目2 直流电路分析

学习目标

1）了解移动电源给手机充电电路的测试与分析。

2）熟练运用支路电流法和节点电压法分析电路。

3）理解电路等效变换的概念，能运用两种电源模型等效变换、戴维南定理和诺顿定理进行电路的分析计算。

4）理解叠加定理和受控源的作用。

工作任务

1. 任务描述

移动电源给手机充电电路的测试与分析。

2. 参考任务实施

电路如图 2-1 所示，三条支路的电流 I_1、I_2、I_3 的参考方向如图中所示。

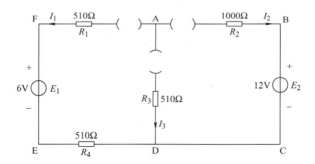

图 2-1　任务电路

1）分别将 E_1、E_2 两路直流稳压电源接入电路，令 $E_1 = 6V$，$E_2 = 12V$。

2）将直流数字毫安表分别接入三条支路中，将电流值记入表 2-1 中。

3）用直流数字电压表分别测量电阻元件的电压值，记入表 2-1 中。

表 2-1　数据记录表格

待测值	I_1	I_2	I_3	R_1	R_2	U_{AB}	U_{AD}	U_{DE}	U_{FA}
计算值									
测量值									
相对误差									

注意： 测量直流电流时，按照红"＋"黑"－"的原则，将万用表串联接在被测电路中。测量直流电压时，按照红"＋"黑"－"的原则，将万用表并联接在被测电路两端。

　　4）根据数据，选定电路中的任一节点，分析该节点所连各支路电流之间的关系；选定电路中的任一个闭合回路，分析该回路中各元件电压之间的关系。

相关实践知识

　　图 2-2 所示是移动电源给手机充电的实物图和原理图，图中 U_{S1} 是移动电源的电压，U_{S2} 是手机电池的电压，R_1、R_2 是电路中导线电阻，R_3 是手机内部消耗电能部分电路的等效电阻。

a) 充电实物图

1. 主要元件及作用

　　（1）主要元件　移动电源一个（附带连线）、手机。

　　（2）元件作用

　　1）电源：移动电源，为电路提供电能。

　　2）中间环节：连接导线，输送和控制电能。

　　3）负载：手机内部等效电阻等，将电能转换为其他能量。

2. 电路工作原理

　　电路中移动电源提供电能给手机电池充电，同时也给手机电路提供电能，手机电池消耗电能，属于负载，移动电源的电压应该大于手机电池的电压。

3. 相关实例

　　矿工的照明灯充电电路、电动单车充电电路、汽车照明灯的充电电路等。

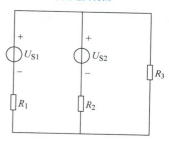

b) 原理图

图 2-2　移动电源给手机充电的电路

相关理论知识

　　由线性无源元件、电压源（或电流源）组成的电路称为线性电路。如果构成线性电路的线性无源元件均为线性电阻，则称为线性电阻电路，简称电阻电路。电阻电路的电源可以是直流，也可以是交流。当电路中的电源都是直流时，称为直流电路。本项目以直流电路为例进行分析，所得结论也可应用于电源为交流的情况。本项目主要介绍线性电阻电路的分析方法，将要介绍的主要内容有：网络基本定律、电路等效变换、叠加定理和受控源电路。

2.1　基尔霍夫定律与电路分析方法

　　可以用串并联等效变换化为简单回路的电路，简称为简单电路（如初中学过的电阻串联电路），利用欧姆定律就可以分析电路中电流和电压的规律。但是对不能用串并联等效变换化为简单回路的复杂电路，例如图 2-3 所示的电路，电路中各电阻之间到底是串联还是并联是没法确定的，用欧姆定律没法直接求出电路中各电流或电压。为此，下面介绍一种新的分析方法——支路电流法。

2.1.1　基尔霍夫定律

因为支路电流法是以基尔霍夫定律为基础，所以首先介绍基尔霍夫定律，基尔霍夫定律是集总参数电路的网络基本定律，它包括基尔霍夫电流定律和基尔霍夫电压定律。为了便于讨论，先介绍几个相关的概念：

（1）节点　3个或3个以上元件之间的连接点，如图2-3中的a点、d点。

（2）支路　两个节点间的一段电路，如图2-3中的agfed、ahd、abcd。

（3）回路　电路中任一闭合路径，如图2-3中的abcdefga、abcdha、ahdefga。

（4）网孔　不包含任何支路的回路，如图2-3中的abcdha、ahdefga、abcdefga不属于网孔。

基尔霍夫电流定律（Kirchhoff Law for Nodes；Kirchhoff Current Law，KCL）：对任何节点，在任一瞬间，流入节点的电流之和等于由节点流出的电流之和。

$$\sum I_{流入} = \sum I_{流出} \tag{2-1}$$

基尔霍夫电流定律不仅适用于任意节点，还可以扩展到电路的任意封闭面（广义节点）。图2-4所示电路中，选择封闭面（图2-4所示椭圆），可知I_5、I_6、I_7三个电流的关系为

$$I_5 + I_6 = I_7$$

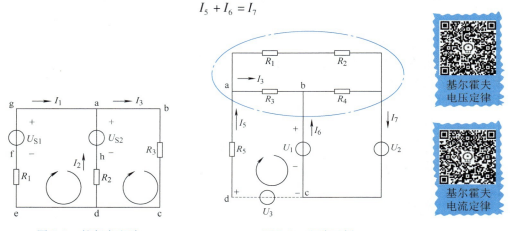

图2-3　较复杂电路　　　　图2-4　电路示例

基尔霍夫
电压定律

基尔霍夫
电流定律

基尔霍夫电压定律（Kirchhoff Law for Loops；Kirchhoff Voltage Law，KVL）：对电路中的任一回路，在任一瞬间，沿任意绕行方向的各段电压的升高之和等于各段电压降低之和。

$$\sum U_{升} = \sum U_{降} \tag{2-2}$$

基尔霍夫电压定律不仅适用于闭合电路，也可以推广运用到开口电路，这时可以假设在开口处有一大小等于开口处电压的恒压源，如图2-4所示，abcd未闭合，将开口电压U_3考虑在内，基尔霍夫电压定律也一样适用，列KVL方程如下：

$$U_1 + I_5 R_5 + I_3 R_3 = U_3$$

例2-1　图2-5a所示电路中，已知I是实际电流方向，求AB两点的电压U_{AB}。

解　可以将电路想象成接有恒压源U的一个虚拟的闭合回路，如图2-5b所示，再利用$\sum U_{升} = \sum U_{降}$可得

$$U + 6V = I \times 2\Omega$$

$$U = 2\Omega \times I - 6V = 2\Omega \times 2A - 6V = -2V$$

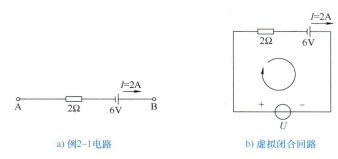

a) 例2-1电路　　　　　　b) 虚拟闭合回路

图 2-5　例 2-1 电路

则
$$U_{AB} = -2V$$

由例 2-1 分析可知，任意 A、B 两点之间的电压 U_{AB} 等于从 A 到 B 路径上，各元件电压 U_i 的代数和；若元件电压的参考方向与从 A 到 B 指向一致，则该电压为正，否则为负。

由此可得两点间的电压公式为

$$U_{AB} = \sum_{A}^{B} U_i \qquad (2-3)$$

2.1.2　支路电流法

利用基尔霍夫定律来分析复杂电路的基本方法叫作支路电流法，以每个支路的电流为未知数列写方程式。若电路有 n 个节点，可列 $n-1$ 个节点电流方程；若电路支路数为 b，可列 m 个回路电压方程，$m=b-n+1$ 为网孔数。下面以图 2-3 所示电路为例来说明支路电流法的应用。具体分析电路的步骤：

1）明确电路中的支路数 $b=3$，节点数 $n=2$，回路数 $l=3$，网孔数 $m=2$；标出支路电流 I_1、I_2、I_3 的参考方向和回路（或网孔）的绕行方向（用于明确电压的升降），并以各支路电流为求解变量。

2）列出 $(n-1)=1$ 个独立节点的 KCL 方程，即
$$I_1 + I_2 = I_3$$

3）列出 $m=b-n+1=2$ 个独立回路的 KVL 方程（每选一回路，均有新支路，通常可选网孔）：

$$\begin{cases} R_1I_1 + U_{S2} = U_{S1} + R_2I_2 \\ R_2I_2 + R_3I_3 = U_{S2} \end{cases}$$

4）联立求解这 $b=3$ 个方程，得出支路电流，进而求出各元件电压、功率等变量。

例 2-2　在图 2-6 所示电路中，试用支路电流法求各支路电流和电压 U_{ab}。

解　设各支路电流 I_1、I_2、I_3 的参考方向如图 2-7 所示，回路 1、2 绕行方向均为顺时针方向。根据支路电流法的步骤可得下列方程组：

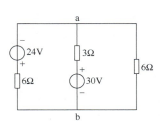

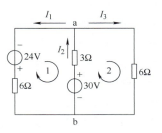

图 2-6　例 2-2 电路　　　　图 2-7　例 2-2 电路分析

$$\begin{cases} I_1 + I_3 = I_2 \\ 24 + 30 = 6I_1 + 3I_2 \\ 3I_2 + 6I_3 = 30 \end{cases}$$

解该方程组可得

$$\begin{cases} I_1 = 5.5\text{A} \\ I_2 = 7\text{A} \\ I_3 = 1.5\text{A} \end{cases}$$

由式（2-3）可得

$$\begin{cases} U_{ab} = -24\text{V} + 6\Omega \times I_1 = (-24 + 6 \times 5.5)\text{V} = 9\text{V} \\ U_{ab} = -3\Omega \times I_2 + 30\text{V} = (-3 \times 7 + 30)\text{V} = 9\text{V} \\ U_{ab} = 6\Omega \times I_3 = (6 \times 1.5)\text{V} = 9\text{V} \end{cases}$$

支路电流 I_1、I_2、I_3 均大于 0，说明假设的电流参考方向与实际方向一致。

例 2-3 求图 2-8 所示电路中的各支路电流。

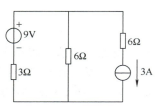

图 2-8　例 2-3 电路

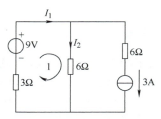

图 2-9　例 2-3 电路分析

解　设各支路电流 I_1、I_2 的参考方向如图 2-9 所示，回路 1 绕行方向为顺时针方向。根据支路电流法的步骤可得下列方程组：$\begin{cases} I_1 = I_2 + 3 \\ 3I_1 + 6I_2 = 9 \end{cases}$

解该方程组可得

$$\begin{cases} I_1 = 3\text{A} \\ I_2 = 0\text{A} \end{cases}$$

2.1.3 网孔电流法

网孔电流法简称网孔法，是系统分析线性电路的方法之一。该方法以网孔电流为未知量，根据 KVL 列出各网孔回路的电压方程，并联立求解出网孔电流，再进一步求解出各支路电流的方法。

1. 网孔电流与支路电流的关系

基尔霍夫定律适用一般电路分析，但随着变量数增加，所需列方程数增加，给分析计算带来不便。网孔电流是为了简化分析电路时所列的方程数而假设的中间变量，电路最终所求解的是实际存在的支路电流等物理量。

假想在每个网孔回路中流动着的独立电流称为网孔电流，如图 2-10 中的 I_a、I_b，其箭头所指的方向为网孔电流的参考方向。而各支路电流可看成是由网孔电流合成的，即某一条支路电流等于通过该支路各网孔电流的代数和，当网孔电流的参考方向与支路电流的参考方向相同时，网孔电流为正，否则为负，如 $I_1 = I_a$，$I_2 = I_b$，$I_3 = I_a - I_b$。

2. 网孔电流方程

网孔电流方程实质上是以网孔电流为变量的 KVL 方程，下面推导网孔电流方程一般形式。

如图 2-10 所示，假设网孔电流 I_a、I_b 的参考方向和回路的绕行方向均为顺时针方向。根据 KVL 可列出如下方程：

$$\begin{cases} I_1 R_1 + I_3 R_3 - U_{S1} = 0 \\ I_2 R_2 - I_3 R_3 + U_{S2} = 0 \end{cases}$$

将上述方程中的支路电流 I_1、I_2、I_3 分别用网孔电流 I_a、I_b 代替，方程即变为

$$\begin{cases} I_a R_1 + (I_a - I_b) R_3 - U_{S1} = 0 \\ I_b R_2 - (I_a - I_b) R_3 + U_{S2} = 0 \end{cases}$$

整理后可得

$$\begin{cases} I_a (R_1 + R_3) - I_b R_3 = U_{S1} & \text{a 网孔电流方程} \\ I_b (R_2 + R_3) - I_a R_3 = -U_{S2} & \text{b 网孔电流方程} \end{cases}$$

由此可写出网孔电流方程的一般式

$$\begin{cases} I_a R_{aa} + I_b R_{ab} = U_{Sa} & \text{a 网孔电流方程} \\ I_b R_{bb} + I_a R_{ba} = U_{Sb} & \text{b 网孔电流方程} \end{cases} \qquad (2\text{-}4)$$

式（2-4）为网孔电流法的一般规律方程，其中：

1）I_a、I_b 称为网孔 a、b 的电流，一般设参考方向时均一致。

2）R_{aa}、R_{bb} 称为网孔 a、b 的自电阻，分别为组成网孔 a、b 的各支路所有电阻之和。在图 2-10 中，$R_{aa} = R_1 + R_3$，$R_{bb} = R_2 + R_3$。

3）R_{ab}、R_{ba}：称为网孔 a、b 间的互电阻，为相邻 a、b 两网孔间公共支路的电阻之和，其符号为负。在图 2-10 中，$R_{ab} = R_{ba} = -R_3$。（互电阻符号为负的条件是：电路中所有网孔电流的参考方向均一致，否则不一定为负）

4）U_{Sa}、U_{Sb} 分别为网孔 a、b 中所有电压源 U_S 电压的代数和。当电压源 U_S 电位升（从负极到正极）的方向与本网孔电流的参考方向一致时，U_S 为正，否则为负。

例 2-4　在图 2-11 所示电路中，试用网孔电流法求电流 I_1、I_2、I_3 和电压 U_{ab}。

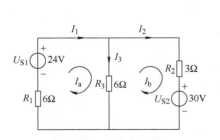

图 2-10　网孔电流法

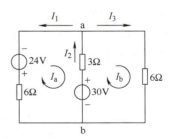

图 2-11　例 2-4 电路

解　假设网孔电流 I_a、I_b 的参考方向如图 2-11 所示，均为顺时针方向。

根据网孔电流方程的一般式可得

$$\begin{cases} I_a (3 + 6) - 3I_b = -30 - 24 \\ I_b (6 + 3) - 3I_a = 30 \end{cases}$$

解该方程组可得

$$\begin{cases} I_a = -5.5A \\ I_b = 1.5A \end{cases}$$

则各支路电流分别为

$$\begin{cases} I_1 = -I_a = 5.5A \\ I_2 = I_b - I_a = 1.5A - (-5.5A) = 7A \\ I_3 = I_b = 1.5A \end{cases}$$

由式（2-3）可得

$$U_{ab} = -24V + 6\Omega \times I_1 = (-24 + 6 \times 5.5)V = 9V$$
$$U_{ab} = -3\Omega \times I_2 + 30V = (-3 \times 7 + 30)V = 9V$$
$$U_{ab} = 6\Omega \times I_3 = (6 \times 1.5)V = 9V$$

可见所得结果和例 2-2 相同。

2.1.4　节点电压法

1. 节点电压方程

如果要分析的电路节点数 n 较少，可采纳节点电压法，使分析问题简单化。

节点电压法是利用节点电位为中间变量列方程式，最终求解未知电路变量的方法。这种方法广泛用于电路的计算机辅助分析，因此已成为网络分析中的重要方法之一。该方法的思路是假设电路的某节点电位为零（参考零点），其他（$n-1$）个节点称为独立节点，显然独立节点的电位即电路独立节点与参考零点之间的电压。因为支路电压等于两节点之间电位之差，如果以电路的节点电位作为中间变量，根据电路定律用节点电位来表示各支路电流，运用基尔霍夫电流定律列出节点电压方程组，求解方程组得到各节点电位，最终获得各支路电流。

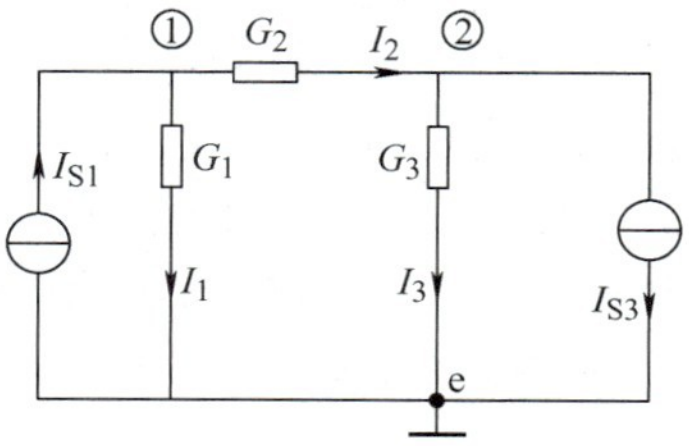

在图 2-12 所示电路中，节点数 $n=3$，假设 e 点为参考零点，则需要假设的节点电位数为 $n-1=2$。设①点电位为 U_1，②点电位为 U_2，由此可得

$$U_{G1} = U_1, \quad U_{G2} = U_1 - U_2, \quad U_{G3} = U_2$$

式中，U_{G1}、U_{G2}、U_{G3} 分别为电导 G_1、G_2、G_3 的电压。

因为　　　　$I_1 = G_1 U_1, I_2 = G_2(U_1 - U_2), I_3 = G_3 U_2$

则两节点 KCL 方程分别为

节点①：　　　　　　　　$G_1 U_1 + G_2(U_1 - U_2) = I_{S1}$
节点②：　　　　　　　　$G_3 U_2 + I_{S3} = G_2(U_1 - U_2)$

$$\rightarrow \begin{cases} (G_1 + G_2)U_1 - G_2 U_2 = I_{S1} \\ -G_2 U_1 + (G_2 + G_3)U_2 = -I_{S3} \end{cases} \rightarrow \begin{cases} G_{11}U_1 + G_{12}U_2 = I_{S11} \\ G_{21}U_1 + G_{22}U_2 = I_{S22} \end{cases}$$

图 2-12　节点电压法电路示例

其中：

1）G_{11} 是节点①关联的所有电导之和，G_{22} 是节点②关联的所有电导之和，它们称为自电导，其值为正。

2）G_{12}、G_{21} 分别是节点①、②间公共支路共有电导之和，称为互电导，其值为负。

3）I_{S11}、I_{S22} 分别是流过节点①、节点②的电流源的电流代数和（流入节点的为"＋"，流出节点的为"－"），如果电路中存在电压源，需要利用 $I = \dfrac{U}{R}$ 转换为电流源，其中 U 是电压源的电压，R 是与电压源串联的电阻。

对于含（$n+1$）个节点的电路，节点电压方程的一般形式是

$$\begin{cases} G_{11}U_1 + G_{12}U_2 + \cdots + G_{1n}U_n = I_{S11} \\ G_{21}U_1 + G_{22}U_2 + \cdots + G_{2n}U_n = I_{S22} \\ \cdots \\ G_{n1}U_1 + G_{n2}U_2 + \cdots + G_{nn}U_n = I_{Snn} \end{cases} \qquad (2\text{-}5)$$

2. 节点电压法计算步骤

经过归纳可以得到节点电压法的计算步骤为［假设电路中有（$n+1$）个节点］：

1）如果电路中存在恒压源与电阻串联组合，要先利用 $I = \dfrac{U}{R}$ 将它们等效变换为恒流源和电阻并联的组合，与电流源串联的电阻不起作用。

2）假设参考零点，标出其他点的节点号，假设各节点的电位变量 U_1、$U_2 \cdots U_n$。

3）直接按自电导、互电导、流过某节点电流源电流代数和的概念列写节点电压方程。

4）求解节点电压方程，解得各节点电位。

5）利用电路定律求出各支流电流，最后求取其他量。

节点电压法适用于节点数较少、支路数较多的电路。

例 2-5　请列出图 2-13 所示电路的节点方程。

解　假设电路参考零点 e（如图 2-13 所示），独立节点①②③的电位为 U_1、U_2、U_3，利用 $I = \dfrac{U}{R}$ 将恒压源与电阻的串联转换为恒流源与电阻的并联，则根据式（2-5）可得电路的节点方程为

$$\begin{cases} \left(\dfrac{1}{R_1} + \dfrac{1}{R_2} + \dfrac{1}{R_6}\right)U_1 - \dfrac{1}{R_2}U_2 - \dfrac{1}{R_6}U_3 = \dfrac{U_1}{R_1} - I_S \\ -\dfrac{1}{R_2}U_1 + \left(\dfrac{1}{R_2} + \dfrac{1}{R_3} + \dfrac{1}{R_4}\right)U_2 - \dfrac{1}{R_4}U_3 = 0 \\ -\dfrac{1}{R_6}U_1 - \dfrac{1}{R_4}U_2 + \left(\dfrac{1}{R_4} + \dfrac{1}{R_5} + \dfrac{1}{R_6}\right)U_3 = I_S \end{cases}$$

3. 弥尔曼定理

对于节点数只有 $n+1=2$ 个（$n=1$）的电路，可以得到一个节点电压方程，不需要解联立方程组，可以直接求出两个节点间电压。

图 2-14 所示电路中，首先将恒压源与电阻的串联利用 $I = \dfrac{U}{R}$ 转换为恒流源与电阻的并联，然后根据式（2-5）可得电路的节点电压方程为

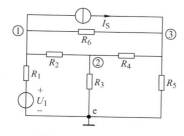

图 2-13　例 2-5 电路

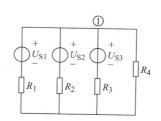

图 2-14　弥尔曼定理电路示例

$$(G_1 + G_2 + G_3 + G_4)U_1 = G_1U_{S1} + G_2U_{S2} + G_3U_{S3}$$

即

$$U_1 = \frac{\sum(GU_S)}{\sum G} \qquad (2\text{-}6)$$

该结论称为弥尔曼定理。在式(2-6)中，$\sum(GU_S)$ 为流过节点①各支路的电流源电流代数和，电流源电流方向指向节点①（或电压源电压的正极性端接到独立节点①）时，取"＋"号；反之取"－"号。利用弥尔曼定理求出节点电压后，再求各支路电流。

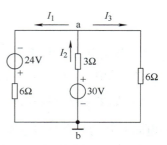

图 2-15　例 2-6 电路

例 2-6　在图 2-15 所示电路中，试用节点电压法求电流 I_1、I_2、I_3 和电压 U_{ab}。

解　电路只有两个节点，假设其中一个节点 b 为参考点，而 a 点电位为 U_a，根据式（2-6）可以列出下列节点方程：

$$U_{ab} = U_a = \frac{\dfrac{30}{3} - \dfrac{24}{6}}{\dfrac{1}{6} + \dfrac{1}{3} + \dfrac{1}{6}}V = 9V$$

又因为

$$U_{ab} = -24V + 6\Omega \times I_1 = -3\Omega \times I_2 + 30V = 6\Omega \times I_3$$

所以

$$\begin{cases} I_1 = \dfrac{U_{ab} + 24V}{6\Omega} = \dfrac{9 + 24}{6}A = 5.5A \\[2mm] I_2 = \dfrac{30V - U_{ab}}{3\Omega} = \dfrac{30 - 9}{3}A = 7A \\[2mm] I_3 = \dfrac{U_{ab}}{6\Omega} = \dfrac{9}{6}A = 1.5A \end{cases}$$

结果与例 2-2、例 2-4 相同。

2.2　等效网络

电路又称为网络（Network），如图 2-16 所示，如果电路的某一部分只有两个端子与其他部分相连，则这部分电路称为二端网络。二端网络内部含有电源（Active），称为有源二端网络；二端网络内部未含有电源（Passive），称为无源二端网络。二端网络端口的电压与电流的关系，称为二端网络的伏安特性。

若一个二端网络端口的伏安特性与另一个二端网络端口的伏安特性相同，则两个二端网络对同一个负载（或外电路）而言是等效的，即互为等效网络，如

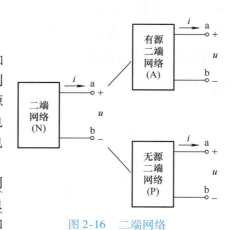

图 2-16　二端网络

图 2-17 所示。利用等效网络的概念，可以用一个结构简单的等效网络代替原来较复杂的网络，简化所分析电路，是一种有效的电路分析方法。

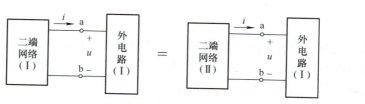

图 2-17　等效网络

> **注意：**
> ① 等效网络不但适用于无源网络，也适用于有源网络。例如多个电阻的连接，可等效成一个电阻；有源二端网络对负载的作用，可看成是负载的电源。
> ② 等效网络不但适用于二端网络，还适用于多端网络。
> ③ 等效网络指对同一个负载（或外电路）而言是等效的，其内部结构并不一定相同。

下面先来介绍典型的无源等效网络，即电阻的串、并联及混联，电阻的星形、三角形联结及其等效变换。

2.2.1　电阻的串、并联及混联

1. 电阻的串联

（1）电路特点　几个电阻首尾依次相连，各电阻流过同一电流的连接方式称为电阻的串联，如图 2-18a 所示。

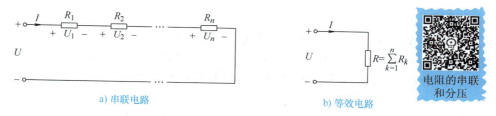

a) 串联电路　　　　　　　　　　　　b) 等效电路

图 2-18　电阻的串联

（2）等效电阻　图 2-18a 表示 n 个电阻串联后由一个直流电源供电的电路。U 表示总电压，I 表示总电流，R_1、$R_2 \cdots R_n$ 表示各电阻的阻值，U_1、U_2、$\cdots$、U_n 表示各电阻上的电压，根据 KVL 可知，电阻串联电路的端口电压等于各电阻电压的叠加。即

$$U = U_1 + U_2 + U_3 + \cdots + U_n = \sum_{k=1}^{n} U_k \tag{2-7}$$

而
$$U_k = IR_k$$
所以
$$U = IR_1 + IR_2 + IR_3 + \cdots + IR_n = IR$$
其中

$$R = R_1 + R_2 + R_3 + \cdots + R_n = \sum_{k=1}^{n} R_k \tag{2-8}$$

R 称为 n 个电阻串联时的等效电阻，用等效电阻代替串联电阻以后，图 2-18a 所示电路

可以简化为图 2-18b 所示电路。

（3）串联电阻的分压作用　电阻串联时，分配到第 k 个电阻上的电压为

$$U_k = IR_k = \frac{U}{R}R_k \tag{2-9}$$

由式(2-9)可知，串联电路中各电阻上电压的大小与其电阻值的大小成正比，因此串联电阻电路可以作分压电路。式(2-9)称为电压分配公式。如果电路是两个电阻 R_1、R_2 串联，则 R_1 上的电压 U_1、R_2 上的电压 U_2 分别为

$$U_1 = \frac{R_1}{R_1 + R_2}U, \quad U_2 = \frac{R_2}{R_1 + R_2}U$$

（4）功率　在 $U = IR_1 + IR_2 + IR_3 + \cdots + IR_n = IR$ 中两边乘以 I，得电路吸收的总功率 $P = IU = I(U_1 + U_2 + U_3 + \cdots + U_n)$，即

$$P = (P_1 + P_2 + P_3 + \cdots + P_n) = \sum_{k=1}^{n} P_k \tag{2-10}$$

此式表明：n 个串联电阻的等效电阻消耗的功率等于各串联电阻消耗功率的总和。

2. 电阻的并联

（1）电路特点　几个电阻首尾分别相连，在同一端电压作用下的连接方式称为电阻的并联，如图 2-19a 所示。

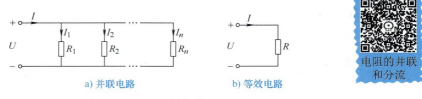

a) 并联电路　　　　　b) 等效电路

图 2-19　电阻的并联

（2）等效电阻　图 2-19a 表示 n 个电阻并联后由一个直流电源供电的电路。以 I 表示总电流，U 表示总电压，R_1、R_2、$\cdots$、R_n 表示各电阻的阻值，I_1、I_2、$\cdots$、I_n 表示各电阻上的电流，根据 KCL 可知，电阻并联电路的端口电流等于各电阻电流的叠加。即

$$I = I_1 + I_2 + I_3 + \cdots + I_n = \sum_{k=1}^{n} I_k \tag{2-11}$$

而

$$I_k = \frac{U}{R_k}$$

所以

$$I = \frac{U}{R_1} + \frac{U}{R_2} + \frac{U}{R_3} + \cdots + \frac{U}{R_n} = \frac{U}{R}$$

其中

$$\frac{1}{R} = \frac{1}{R_1} + \frac{1}{R_2} + \frac{1}{R_3} + \cdots + \frac{1}{R_n} = \sum_{k=1}^{n} \frac{1}{R_k} \tag{2-12}$$

电阻 R 是 n 个电阻并联时的等效电阻，又称为端口的输入电阻，用等效电阻代替并联电阻后，图 2-19a 所示电路可以简化为图 2-19b 所示电路。

由于电导 $G = \frac{1}{R}$，所以

$$G = G_1 + G_2 + G_3 + \cdots + G_n = \sum_{k=1}^{n} G_k$$

（3）并联电阻的电流作用　电阻并联时，分配到第 k 个电阻上的电流为

$$I_k = \frac{U}{R_k} = U_k G_k = U G_k = \frac{I}{G} G_k \qquad (2\text{-}13)$$

由式（2-13）可知，并联电路中各电阻上分配到的电流与其电导的大小成正比，或者说与电阻成反比，式（2-13）称为电流分配公式。并联电阻可以"分流"，在总电流一定时，适当选择并联电阻，可使每个电阻得到所需的电流。

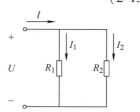

图 2-20　两电阻并联电路

如果是两个电阻 R_1、R_2 并联，如图 2-20 所示，则有

$$\frac{1}{R} = \frac{1}{R_1} + \frac{1}{R_2}$$

总电阻为

$$R = \frac{R_1 R_2}{R_1 + R_2} \qquad (2\text{-}14)$$

则 R_1 上的电流 I_1、R_2 上的电流 I_2 分别为

$$I_1 = \frac{U}{R_1} = \frac{IR}{R_1} = \frac{\dfrac{R_1 R_2}{R_1 + R_2} I}{R_1} = \frac{R_2}{R_1 + R_2} I$$

$$I_2 = \frac{U}{R_2} = \frac{IR}{R_2} = \frac{\dfrac{R_1 R_2}{R_1 + R_2} I}{R_2} = \frac{R_1}{R_1 + R_2} I$$

由此可得两电阻并联的分流公式

$$\begin{cases} I_1 = \dfrac{R_2}{R_1 + R_2} I \\[3mm] I_2 = \dfrac{R_1}{R_1 + R_2} I \end{cases} \qquad (2\text{-}15)$$

★ 经验公式：n 个等值电阻 R_n 并联，总电阻为　　$R = \dfrac{R_n}{n}$ 　　　（2-16）

可见，并联电阻越多，电路的总阻值越小。

（4）功率　在 $I = UG_1 + UG_2 + UG_3 + \cdots + UG_n = UG$ 中两边乘以 U，得电路吸收的总功率 $P = IU = U(I_1 + I_2 + I_3 + \cdots + I_n)$，即

$$P = P_1 + P_2 + P_3 + \cdots + P_n = \sum_{k=1}^{n} P_k \qquad (2\text{-}17)$$

此式表明：n 个并联电阻的等效电阻消耗的功率等于各并联电阻消耗功率的总和。

例 2-7　试求图 2-21 所示电路中的电流 I。

解　总电阻为　　　$R = 3\Omega + \dfrac{3 \times 6}{3 + 6}\Omega = 5\Omega$

总电流为　　　　　$I_{总} = \dfrac{30}{5}\text{A} = 6\text{A}$

由分流公式可得　　$I = \dfrac{3}{3+6} I_{总} = \dfrac{3}{3+6} \times 6\text{A} = 2\text{A}$

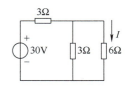

图 2-21　例 2-7 电路

3. 电阻的混联

如果电路中既有电阻串联，又有电阻并联，这种连接方式叫电阻的串并联（混联），如

图 2-22a 所示。串并联电路在实际工作中应用很广，形式多种多样。但是，串联电路部分具有串联电路的特点，并联电路部分具有并联电路的特点，只要掌握了串联电路和并联电路的分析方法，串并联电路是不难解决的。因此，虽然从表面来看，一个串并联电路支路很多，似乎很复杂，但是仍属于可以用串并联等效变换化简为单回路的简单电路。

可以利用图 2-22b 的等效电阻 R 等效图 2-22a 中的三个电阻，其中等效电阻 $R = R_1 + \dfrac{R_2 R_3}{R_2 + R_3}$。

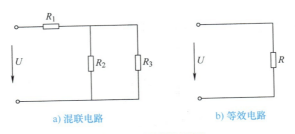

a) 混联电路   b) 等效电路

图 2-22　电阻的混联

2.2.2　电阻的星形、三角形联结及其等效变换

在混联电路中，有时会遇到图 2-23 所示电路。在图 2-23a 中，三个电阻的一端连接在一起，另一端分别连接到电路的三个节点，这种连接方式称为星形联结，简称 Y 联结或 T 联结。在图 2-23b 中，三个电阻的首、尾依次连接成一个闭合回路，从连接点再分别与外电路相连，这种连接方式称为三角形联结，简称 △ 联结或 Π 联结。

两个电路之间是可以相互等效变换的，其等效变换的条件是对应端口的伏安特性相同。也就是说，它们的对应节点之间的电压 U_{ab}、U_{bc}、U_{ca} 相同，从外电路流入对应节点的电流 I_a、I_b、I_c 也必须分别相同。（推导从略）

根据这个要求，将星形联结的电阻等效变换为三角形联结的电阻，如图 2-23 所示，已知 R_a、R_b、R_c，求等效的 R_{ab}、R_{bc}、R_{ca} 的转换公式为

$$\begin{cases} R_{ab} = R_a + R_b + \dfrac{R_a R_b}{R_c} \\[2mm] R_{bc} = R_b + R_c + \dfrac{R_b R_c}{R_a} \\[2mm] R_{ca} = R_c + R_a + \dfrac{R_c R_a}{R_b} \end{cases} \tag{2-18}$$

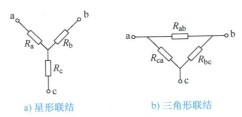

a) 星形联结   b) 三角形联结

图 2-23　星形联结和三角形联结的等效

将三角形联结的电阻等效变换为星形联结的电阻，已知 R_{ab}、R_{bc}、R_{ca}，求等效的 R_a、

R_b、R_c 的转换公式为

$$
\begin{cases}
R_a = \dfrac{R_{ab}R_{ca}}{R_{ab}+R_{bc}+R_{ca}} \\[3mm]
R_b = \dfrac{R_{ab}R_{bc}}{R_{ab}+R_{bc}+R_{ca}} \\[3mm]
R_c = \dfrac{R_{ca}R_{bc}}{R_{ab}+R_{bc}+R_{ca}}
\end{cases}
\tag{2-19}
$$

三个电阻相等（$R_a = R_b = R_c = R_Y$，$R_{ab}=R_{bc}=R_{ca}=R_\triangle$）的 Y 联结、△ 联结称为对称联结。由式（2-18）或式（2-19）可得：$R_\triangle = 3R_Y$ 或 $R_Y = R_\triangle/3$ 时，它们可以等效互换。

为了便于记忆，式（2-18）和式（2-19）可以归纳为

$$
R_{mn} = \frac{\text{Y 联结电阻两两乘积之和}}{\text{不与 mn 端相连的电阻}}
\tag{2-20}
$$

$$
R_i = \frac{\text{接于 i 端两电阻之乘积}}{\triangle\ \text{联结三电阻之和}}
\tag{2-21}
$$

式中，R_{mn} 为星形联结等效变换为三角形联结的等效电阻；R_i 为三角形联结等效变换为星形联结的等效电阻。

接下来以电压源与电流源的等效变换、戴维南定理和诺顿定理来介绍有源等效网络。

2.2.3　电压源与电流源的等效变换

一般情况下，实际电源工作时内部有损耗，其电压、电流随着它外部情况的改变而改变。

1. 实际电压源模型

图 2-24a 所示电路中，实际直流电源接有负载电阻 R。随着 R 的不同，直流电源的输出电压 U 和电流 I 不同，其外特性曲线如图 2-24b 所示。其中 U_{OC} 是开路电压，即 R 的阻值接近无穷大、$I=0$ 情况下的输出电压；I_{SC} 是短路电流，即 $R=0$、$U=0$ 情况下的输出电流。图 2-24b 所示外特性曲线方程为 $U = U_{OC} - \dfrac{U_{OC}}{I_{SC}}I$。图 2-24c 所示电路为实际电压源模型，其输出电压与电流关系为 $U = U_S - R_S I$。所以可以用理想电压源与电阻串联的组合（实际电压源模型）作为直流电源电路模型。模型中的电压源电压 U_S 应等于实际直流电源的开路电压 U_{OC}，模型中的电阻 R_S 称为内电阻（或称为输出电阻）。令 $U=0$ 得内电阻等于实际直流电源的开路电压与短路电流之比，即 $R_S = \dfrac{U_S}{I_{SC}}$。

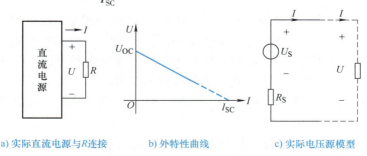

　　a) 实际直流电源与 R 连接　　　　b) 外特性曲线　　　　c) 实际电压源模型

图 2-24　实际电压源

由于实际电压源的内电阻一般都很小，若短路电流会很大，导致电源损坏，这是不允许的。在实际使用中，不可使电源短路以免损坏电源。为此下面介绍实际短路电流的测量方法。

在图 2-25 所示电路中，接上适当电阻 R，测出流过电阻 R 的电流 I 和它的两端电压 U，则电压源的内电阻为

$$R_S = \frac{U_S - U}{I} = \frac{U_{oc} - U}{I}$$

那么短路电流为

$$I_{SC} = \frac{U_S}{R_S}$$

例 2-8　某直流电压源的开路电压为 12V，与外电阻 R 接通后，用电压表测得外电阻电压 $U = 10V$，用电流表测得外电阻中电流 $I = 5A$，求 R、内电阻 R_S 以及短路电流 I_{SC}。

解

$$R = \frac{U}{I} = \frac{10}{5}\Omega = 2\Omega$$

$$R_S = \frac{U_{oc} - U}{I} = \frac{12 - 10}{5}\Omega = 0.4\Omega$$

则短路电流为

$$I_{SC} = \frac{U_S}{R_S} = \frac{12}{0.4}A = 30A$$

2. 实际电流源模型

图 2-24b 所示外特性曲线方程又可写成 $I = I_{SC} - \frac{I_{SC}}{U_{oc}}U$，而图 2-26 所示电路的电压与电流的关系为 $I = I_{SC} - G_S U$，所以可以用理想电流源 I_S 和电导为 G_S 的电阻相并联的组合作为实际直流电源的电路模型，模型中电流源的电流 I_S 应等于实际直流电源的短路电流 I_{SC}，模型中的电导 G_S 等于实际直流电源的短路电流与开路电压之比，即 $G_S = \frac{I_{SC}}{U_{oc}}$。

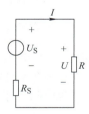
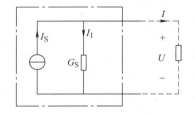

图 2-25　短路电流测量电路　　　　图 2-26　实际电流源

理论上图 2-24c、图 2-26 都可以作为实际直流电源的电路模型，实用中则从使用方便来选择。像电池、发电机等这类电源，由于内电阻比外电阻小得多，它的输出电压接近开路电压且变化不大，所以常用理想电压源与电阻串联模型，且在一定的电流范围内可以近似看成理想电压源。像光电池这样的电源，由于内电阻比外电阻大得多，它的电流接近短路电流且变化不大，所以常用理想电流源与电导并联模型，且在一定的电压范围内可以近似看成理想电流源。

3. 实际电源两种模型的等效变换

由以上分析可知，同一个实际电源，既可以用电压源与电阻串联的组合为其电路模型，也可以用电流源与电导并联的组合为其电路模型。因此，这两种模型之间必然可以进行等效变换。

根据等效定义，两种模型等效时开路电压应相等（如图 2-27 所示），可得

$$U_S = \frac{I_S}{G_S}, R_S = \frac{1}{G_S} \quad \Leftrightarrow \quad I_S = \frac{U_S}{R_S}, G_S = \frac{1}{R_S}$$

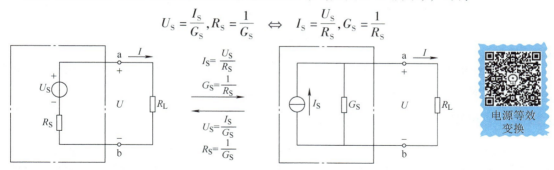

图 2-27　两种电源模型的等效电路

此即两种模型等效的条件。应说明的是：

1）互换时要注意电压源电压极性与电流源电流方向应一致。

2）两种模型中 R_S 相等，但连接方式不同。

① 当 $R_S \to 0$，这时的电压源成为理想电压源；当 $G_S \to 0$，这时的电流源成为理想电流源。这两种理想电源彼此间是不能互换的。

② 这种等效仅对端口外部等效，对模型内部（点画线内部）不等效。

例如：当 $I = 0$ 时，$P_{RS} = 0$（内部），而 $P_{GS} = \frac{I_S^2}{G_S} \neq 0$（内部）。尽管 $R_S = \frac{1}{G_S}$，但 $P_{RS} \neq P_{GS}$。然而对外部来说，两种模型吸收或发出的功率相等。

> **注意：** P_{RS} 为实际电压源模型中内电阻所吸收功率，P_{GS} 为实际电流源模型中内电阻所吸收功率。

例 2-9 试求图 2-28a 所示的电路中的电流 I。

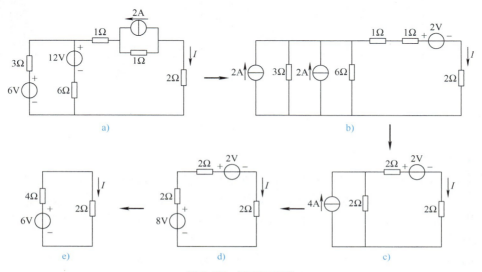

图 2-28　例 2-9 电路

解 根据电源模型等效变换原理，可将图 2-28a 依次变换为图 2-28b、图 2-28c、图 2-28d、图 2-28e，根据图 2-28e 可得

$$I = \frac{6}{4+2}A = 1A$$

电压源与电流源等效变换适用于分析某一支路电压或电流，注意应用时，所求支路保持不变，不能参与等效变换。

2.2.4 戴维南定理和诺顿定理

在电路分析中，往往只需要计算一个网络中某一支路的电流或电压，而其他支路的电流或电压不需要求出。如果用前面介绍的方法来进行求解，则要将全部电路方程列出，才能求解所需支路上的电流或电压，这当然是繁琐的。这时可以将电路分为负载和线性有源二端网络两个部分，利用网络的等效性将线性有源二端网络用电压源与电阻串联支路来表示，或用电流源与电导并联支路表示，这就是戴维南定理和诺顿定理，统称为等效电源定理。

1. 戴维南定理

戴维南定理的内容是：任何一个含独立源的线性二端网络，对外电路来说，都可以用一个电压源与电阻串联的支路来等效。等效电压源的电压等于原有源二端网络的开路电压，而等效电压源的串联电阻等于原有源二端网络中所有理想电压源用短路代替、理想电流源用断路代替（即所有独立电源作用为零）时的输入电阻。如图 2-29 所示，图中先将外电路与有源二端网络断开，形成二端口 ab。ab 两端开路电压 U_{OC} 就是等效电压源的电压 U_{S}；将有源二端网络中所有理想电压源用短路代替，理想电流源用断路代替，得到无源二端网络，ab 两端输入电阻就是等效电压源的串联电阻 R_{S}。

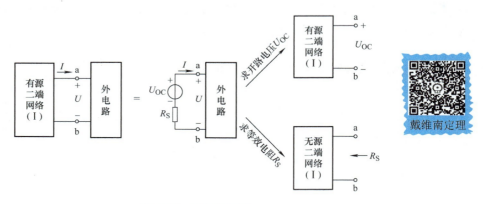

图 2-29 戴维南定理

2. 诺顿定理

诺顿定理的内容是：任何一个含独立源的线性二端网络，对外电路来说，都可用一个电流源与电阻并联的支路来等效。等效电流源的电流等于原有源二端网络的短路电流 I_{SC}，而并联电阻等于原有源二端网络中所有独立电源作用为零时其端口处所得到的等效电阻 R_{S}，如图 2-30 所示。

戴维南定理和诺顿定理统称为等效电源定理。电压源与电阻串联的等效电路称为戴维南等效电路。电流源与电阻并联的等效电路称为诺顿等效电路。

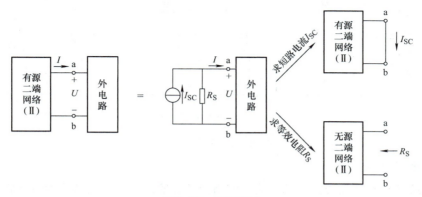

图 2-30 诺顿定理

3. 等效电阻

求等效电阻的方法有三种：

1）设网络内所有独立电源作用为零（即电压源用短路代替，电流源用开路代替），用电阻串并联、三角形/星形网络变换加以化简，计算端口的等效电阻。

2）设网络内所有独立电源作用为零，在端口处施加一电压 U，计算或测量端口电流 I，则等效电阻为 $R_S = \dfrac{U}{I}$。

3）求有源二端网络的开路电压 U_{OC} 和短路电流 I_{SC}，则等效电阻为 $R_S = \dfrac{U_{OC}}{I_{SC}}$。

例 2-10 用戴维南定理求图 2-31 所示电路中的电流 I。

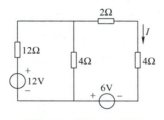

图 2-31 例 2-10 电路

解 （1）断开待求支路（最右边 4Ω 电阻），如图 2-32a 所示，可求得有源二端网络的开路电压 U_{OC} 为

$$U_{OC} = \left(\frac{12}{12+4} \times 4 + 6 \right) V = 9V$$

（2）将恒压源用短路代替，除源后的无源二端网络如图 2-32b 所示，二端网络的等效电阻 R_S 为

$$R_S = \left(2 + \frac{12 \times 4}{12+4} \right) \Omega = 5\Omega$$

（3）画出戴维南等效电路如图 2-32c 所示，接上待求支路，得所求电流 I 为

$$I = \frac{9}{5+4} A = 1A$$

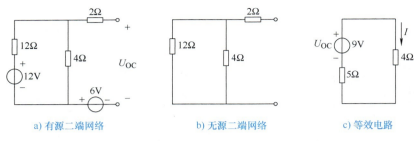

a) 有源二端网络   b) 无源二端网络   c) 等效电路

图 2-32   例 2-10 电路分析

4. 最大功率传输条件

电阻负载接到含独立源的二端网络，网络向负载输出功率，负载从网络接收功率。负载不同，其电流及功率不同。负载电阻 R 等于网络等效电阻 R_S 时，负载从网络获得功率最大。这种情况称为负载与网络"匹配"。这时负载电流为

$$I = \frac{U_S}{R_S + R} = \frac{U_S}{2R_S}$$

其中 U_S 和 R_S 分别是二端网络的戴维南等效电源的电压源电压和内电阻。负载获得的最大功率为

$$P = \left(\frac{U_S}{2R_S}\right)^2 \times R = \frac{U_S^2}{4R_S} \qquad (2-22)$$

匹配网络的效率为

$$\eta = \frac{P}{U_S I} = \frac{1}{2} = 50\%$$

当负载电阻 $R \gg R_S$ 时，网络效率比较高。在电力网络中，传输的功率大，要求效率高，否则能量损耗太大，所以不工作在匹配状态。在电信网络中，由于传输的功率小，再加上信号一般很弱，常要求从信号源获得最大功率（例如收音机、电视机及手机供给扬声器的功率），因而常设法达到匹配状态，使负载获得最大功率。

例 2-11   电路如图 2-33a 所示，试求负载 R_L 为何值时可获得最大功率？最大功率为多少？

解   断开图 2-33a 的负载 R_L，求其余电路的戴维南等效电路，如图 2-33b 所示，则

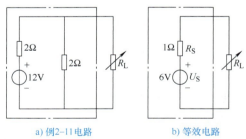

a) 例2-11电路   b) 等效电路

图 2-33   例 2-11 电路分析

$$U_S = U_{OC} = \frac{12}{2+2} \times 2\text{V} = 6\text{V}$$

$$R_S = \frac{2 \times 2}{2+2}\Omega = 1\Omega$$

在图 2-33b 所示电路中，根据最大功率传输定律可知，当 $R_L = R_S = 1\Omega$ 时，负载获得最大功率，最大功率为

$$P_{max} = \frac{U_S^2}{4R_S} = \frac{6^2}{4 \times 1}\text{W} = 9\text{W}$$

2.3　叠加定理

用支路电流法分析计算电路，当电路支路较多时，所列方程数就多，不便于求解。本节介绍的叠加定理就是一种从减少设定的未知数着手，特别适用于独立电源个数较少的线性电路的分析方法。另外叠加定理也是线性电路的一个重要性质和基本特征。

在线性电路中，当有两个或两个以上的独立电源作用时，任一支路的电流或电压都是电路中各个独立源单独作用时在该支路中产生的电流或电压分量的代数和，该结论称为叠加定理。该结论证明如下：

在图 2-34a 所示的电路中，a 点电位 U_a 可以利用由弥尔曼定理得

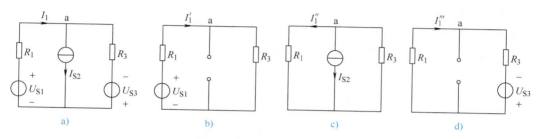

图 2-34　叠加定理电路示例

$$U_a = \frac{\dfrac{U_{S1}}{R_1} - I_{S2} - \dfrac{U_{S3}}{R_3}}{\dfrac{1}{R_1} + \dfrac{1}{R_3}} = \frac{R_3}{R_1 + R_3} U_{S1} - \frac{R_1 R_3}{R_1 + R_3} I_{S2} - \frac{R_1}{R_1 + R_3} U_{S3}$$

则 R_1 中的电流 I_1 可得

$$I_1 = \frac{U_{S1} - U_a}{R_1} = \frac{1}{R_1 + R_3} U_{S1} + \frac{R_3}{R_1 + R_3} I_{S2} + \frac{1}{R_1 + R_3} U_{S3}$$

我们现在从每个电源单独作用的角度来分析此电路。

U_{S1} 单独作用：此时 I_{S2} 不作用用开路代替，U_{S3} 不作用用短路线代替，得到图 2-34b 所示电路。则有

$$I_1' = \frac{U_{S1}}{R_1 + R_3}, \quad U_a' = \frac{R_3}{R_1 + R_3} U_{S1}$$

I_{S2} 单独作用：此时 U_{S1} 不作用用短路线代替，U_{S3} 不作用用短路线代替，得到图 2-34c 所示电路。则有

$$I_1'' = -\frac{R_3}{R_1 + R_3} I_{S2}, \quad U_a'' = -\frac{R_1 R_3}{R_1 + R_3} I_{S2}$$

U_{S3} 单独作用：此时 U_{S1} 不作用用短路线代替，I_{S2} 不作用用开路代替，得到图 2-34d 所示电路。则有

$$I_1''' = \frac{1}{R_1 + R_3} U_{S3}, \quad U_a''' = -\frac{R_1}{R_1 + R_3} U_{S3}$$

显然有：$U_a = U_a' + U_a'' + U_a'''$；$I_1 = I_1' - I_1'' + I_1'''$。

注意: I''_1 前的负号是由于 I''_1 的参考方向与 I_1 相反。

由此验证了叠加定理的正确性。注意所谓一个电压源单独作用而其他电压源不作用,就是将那些不作用的电压源移走并用短路线代替;而当电路中电流源不作用时,电流源用开路代替。

应用叠加定理时应注意以下几点:

1)叠加定理只适用于求解线性电路中的电压或电流,对于非线性电路,叠加定理不适用。

2)当电路中电压源不作用时,电压源用短路线代替。当电路中电流源不作用时,电流源用开路代替。

3)叠加求"代数和"时,应注意各 U、I 分量的正负号,如果分量的参考方向与原量一致,取正号;反之,取负号。

4)不能用叠加定理直接来计算功率。

如:$P_{R_1} = R_1 I_1^2 = R_1 (I'_1 - I''_1 + I'''_1)^2 \neq R_1 I'^2_1 + R_1 I''^2_1 + R_1 I'''^2_1$

例 2-12　用叠加定理求解图 2-35 所示电路中的电流 I。

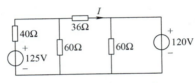

图 2-35　例 2-12 电路

解　当 125V 电压源单独作用时，电路如图 2-36a 所示，有

$$I' = \frac{125}{40 + 36//60} \times \frac{60}{60 + 36} \text{A} = 1.25\text{A}$$

当 120V 电压源单独作用时，电路如图 2-36b 所示，有

$$I'' = -\frac{120}{(40//60 + 36)//60} \times \frac{60}{60//40 + 36 + 60}\text{A} = -2\text{A}$$

$$I = I' + I'' = 1.25\text{A} + (-2\text{A}) = -0.75\text{A}$$

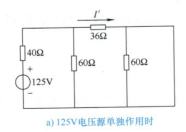　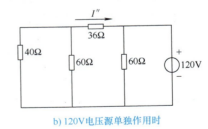

a) 125V电压源单独作用时　　　　　　b) 120V电压源单独作用时

图 2-36　例 2-12 电路分析

2.4　受控源和含受控源简单电路的分析

2.4.1　受控源

上面所讨论的电压源和电流源都是独立电源。电压源的端电压和电流源的输出电流都只

取决于电源内部非静电力提供的能量，而不受电源外部电路的控制。在电子电路中，经常会遇到另一种性质的电源，它们有着电源的一些特性，但它们的电压或电流又不像独立电源，而是受电路中某个电压或电流的控制，这种电源称为受控源，也称为非独立源。

需要说明的是，受控源与独立电源的性质不同。受控源在电路中虽然也能提供能量和功率，但是其提供的能量和功率不但取决于受控源支路的情况，还受到控制支路的影响。而当电路中不存在独立源时，不能为控制支路提供电压或电流，于是控制量为零，受控源的电压或电流也为零。

根据控制量的不同，受控源分为以下四种：

1）电压控制电压源，简称 VCVS。

2）电压控制电流源，简称 VCCS。

3）电流控制电压源，简称 CCVS。

4）电流控制电流源，简称 CCCS。

它们的符号如图 2-37 所示。为了与独立电源相区别，受控源用菱形符号表示。在电路图中，为了简便，受控源的控制支路都不画出，只是注明控制量。

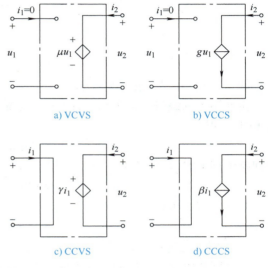

a) VCVS　　　b) VCCS

c) CCVS　　　d) CCCS

图 2-37　受控源的类型

图 2-37 中 μ、g、γ、β 是受控源的参数。μ 称为电压放大系数；g 称为转移电导（或跨导），它具有电导的量纲；γ 称为转移电阻，它具有电阻的量纲；β 称为电流放大系数。当这些参数为常数时，受控源的电压或电流与控制量成正比，这样的受控源称为线性受控源。

2.4.2　含有受控源电路的分析

本项目前面介绍的网络基本定律、线性电路的通用求解方法和普遍遵循的原则，当然也适用于含有线性受控源的电路，不过，考虑到受控源的特性，在具体运用分析方法时还得注意以下几点：

1）在用支路电流法分析计算时，应先将受控源暂时作为独立源去列写支路电流方程，然后用支路电流来表示受控源的控制量（电流或电压），使方程组的未知量仅是支路电流（节点电压法分析计算时也是如此）。

2）受控电压源与电阻串联组合和受控电流源与电导并联组合仍然可以等效变换，但变换时要保留控制量所在支路，也就是保留控制量，否则会留下一个没有控制量的受控源电路，使电路无法求解。

3）在应用戴维南定理和诺顿定理时，注意有源二端网络与外电路之间应当没有受控依赖关系。求含有受控源电路的等效电阻时，须先将二端网络中的所有独立源去除（恒压源用短路线代替、恒流源用开路代替），但是受控源不能当作零处理，应当保留。一般情况下，可以采用"等效电阻"部分内容介绍的在端口处施加一个电压 U 的方法求等效电阻。另外，若求得等效电阻为负值，这表明该网络向其外部发出能量。

4）应用叠加定理时，独立源可以单独作用，分别计算其单独作用时的电流或电压，然后求电流或电压的代数和。但受控源不能单独作用，且当每个独立源单独作用时，受控源应照旧保留在电路中。

例 2-13 求图 2-38a 所示电路的 i_1。

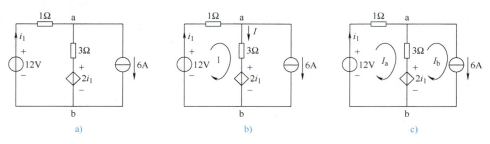

图 2-38 例 2-13 电路

解 （1）用基尔霍夫定律解

设回路 1 的绕行方向为顺时针方向，电流 I 的参考方向如图 2-38b 所示。

由 KCL 可得

$$i_1 = I + 6A$$

沿回路 1 列 KVL 方程可得

$$3I + 2i_1 - 12 + i_1 = 0$$

联立求解，可得

$$i_1 = 5A, I = -1A$$

（2）用网孔电流法解

假设网孔电流 I_a、I_b 的参考方向如图 2-38c 所示，均为顺时针方向。

根据网孔电流方程的一般式可得

$$\begin{cases} I_a(1+3) - I_b \times 3 = 12 - 2i_1 \\ I_b = 6 \end{cases}$$

又因为

$$I_a = i_1$$

联立求解方程可得

$$i_1 = 5A$$

（3）用节点电压法解

假设 b 点为参考零点，a 点电位为 U_a，则有

$$U_a = \frac{\dfrac{12}{1} + \dfrac{2i_1}{3} - 6}{1 + \dfrac{1}{3}}$$

另有

$$U_a = -1 \times i_1 + 12$$

联立两方程可解得

$$i_1 = 5A$$

本项目思维导图

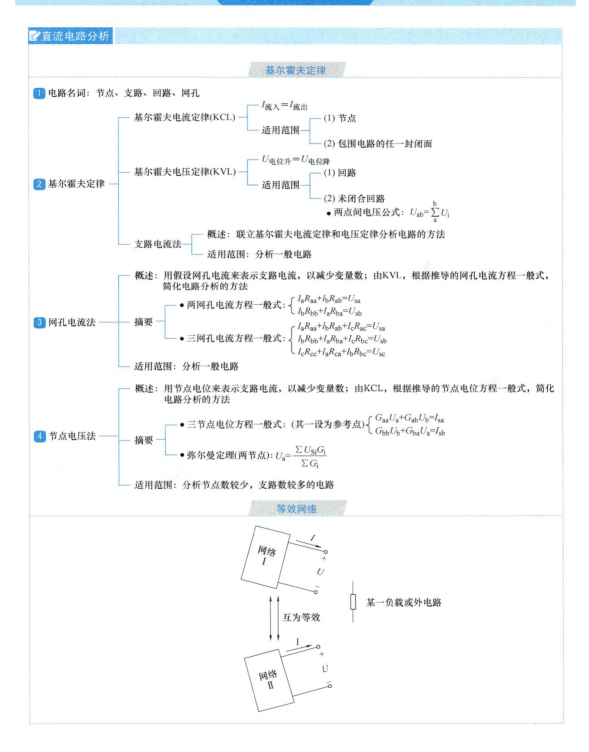

直流电路分析

基尔霍夫定律

1 电路名词：节点、支路、回路、网孔

2 基尔霍夫定律
- 基尔霍夫电流定律(KCL)
  - $I_{流入}=I_{流出}$
  - 适用范围
    - (1) 节点
    - (2) 包围电路的任一封闭面
- 基尔霍夫电压定律(KVL)
  - $U_{电位升}=U_{电位降}$
  - 适用范围
    - (1) 回路
    - (2) 未闭合回路
      - 两点间电压公式：$U_{ab}=\sum\limits_{a}^{b}U_i$
- 支路电流法
  - 概述：联立基尔霍夫电流定律和电压定律分析电路的方法
  - 适用范围：分析一般电路

3 网孔电流法
- 概述：用假设网孔电流来表示支路电流，以减少变量数；由KVL，根据推导的网孔电流方程一般式，简化电路分析的方法
- 摘要
  - 两网孔电流方程一般式：$\begin{cases} I_aR_{aa}+I_bR_{ab}=U_{sa} \\ I_bR_{bb}+I_aR_{ba}=U_{sb} \end{cases}$
  - 三网孔电流方程一般式：$\begin{cases} I_aR_{aa}+I_bR_{ab}+I_cR_{ac}=U_{sa} \\ I_bR_{bb}+I_aR_{ba}+I_cR_{bc}=U_{sb} \\ I_cR_{cc}+I_aR_{ca}+I_bR_{cb}=U_{sc} \end{cases}$
- 适用范围：分析一般电路

4 节点电压法
- 概述：用节点电位来表示支路电流，以减少变量数；由KCL，根据推导的节点电位方程一般式，简化电路分析的方法
- 摘要
  - 三节点电位方程一般式：(其一设为参考点)$\begin{cases} G_{aa}U_a+G_{ab}U_b=I_{sa} \\ G_{bb}U_b+G_{ba}U_a=I_{sb} \end{cases}$
  - 弥尔曼定理(两节点)：$U_a=\dfrac{\sum U_{Si}G_i}{\sum G_i}$
- 适用范围：分析节点数较少，支路数较多的电路

等效网络

网络 I

I

$+$　U　$-$

某一负载或外电路

互为等效

网络 II

I

$+$　U　$-$

等效网络

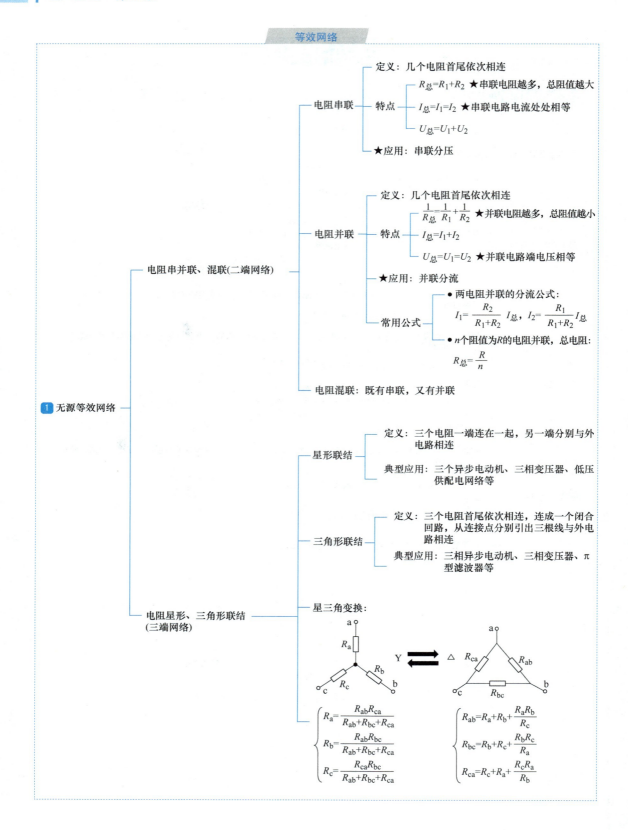

1 无源等效网络

电阻串并联、混联(二端网络)

电阻串联
- 定义：几个电阻首尾依次相连
- 特点
  - $R_总=R_1+R_2$ ★串联电阻越多，总阻值越大
  - $I_总=I_1=I_2$ ★串联电路电流处处相等
  - $U_总=U_1+U_2$
- ★应用：串联分压

电阻并联
- 定义：几个电阻首尾依次相连
- 特点
  - $\frac{1}{R_总}=\frac{1}{R_1}+\frac{1}{R_2}$ ★并联电阻越多，总阻值越小
  - $I_总=I_1+I_2$
  - $U_总=U_1=U_2$ ★并联电路端电压相等
- ★应用：并联分流
- 常用公式
  - ●两电阻并联的分流公式：$I_1=\frac{R_2}{R_1+R_2} I_总$，$I_2=\frac{R_1}{R_1+R_2} I_总$
  - ●n个阻值为R的电阻并联，总电阻：$R_总=\frac{R}{n}$

电阻混联：既有串联，又有并联

电阻星形、三角形联结(三端网络)

星形联结
- 定义：三个电阻一端连在一起，另一端分别与外电路相连
- 典型应用：三个异步电动机、三相变压器、低压供配电网络等

三角形联结
- 定义：三个电阻首尾依次相连，连成一个闭合回路，从连接点分别引出三根线与外电路相连
- 典型应用：三相异步电动机、三相变压器、π型滤波器等

星三角变换：

$$R_a=\frac{R_{ab}R_{ca}}{R_{ab}+R_{bc}+R_{ca}}$$
$$R_b=\frac{R_{ab}R_{bc}}{R_{ab}+R_{bc}+R_{ca}}$$
$$R_c=\frac{R_{ca}R_{bc}}{R_{ab}+R_{bc}+R_{ca}}$$

$$R_{ab}=R_a+R_b+\frac{R_aR_b}{R_c}$$
$$R_{bc}=R_b+R_c+\frac{R_bR_c}{R_a}$$
$$R_{ca}=R_c+R_a+\frac{R_cR_a}{R_b}$$

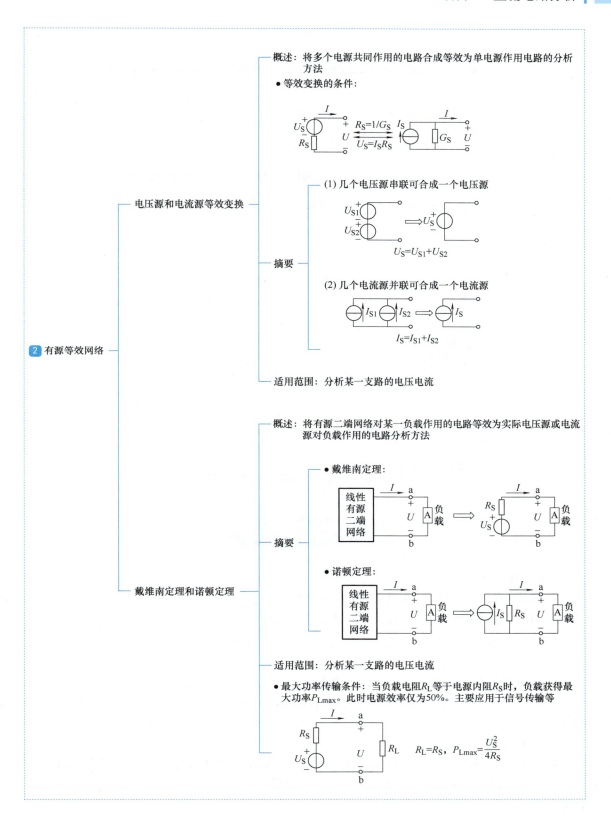

叠加定理

概述：将多个电源共同作用的电路等效为每个电源单独作用时的叠加的电路分析方法

摘要 ——

电压源单独作用时　　　电流源单独作用时

适用范围：分析线性电路的电压和电流

受控源

受控源的类型
(按控制量和被
控制量不同分)

(1) 电压控制电压源 μu

(2) 电流控制电压源 ri

(3) 电压控制电流源 gu

(4) 电流控制电流源 βi

含受控源电路的分析
存在控制量与被控制量之间的关系，具体电路，具体方法，具体分析

习　题

2-1　填空题

1. 几个电压源串联的等效电压等于所有电压源的_____。

2. 几个同极性的相同电压源并联，其等效电压等于_____。

3. 几个电流源并联的等效电流等于_____的代数和。

4. 某元件与理想电压源并联，可等效为_____。

5. 某元件与理想电流源串联，可等效为_____。

6. 有 n 个节点、b 条支路的电路，其独立的 KCL 方程为_____个，独立的 KVL 方程数为_____。

7. 叠加定理只适用于_____电路的分析。

8. 在使用叠加定理时应注意，在各分电路中，要把不作用的电源置零：不作用的电压源用_____代替，不作用的电流源用_____代替。原电路中的_____不能使用叠加定理来计算。

9. 戴维南定理说明任何一个线性有源二端网络 N，都可以用一个_____来代替。

10. 诺顿定理说明任何一个线性有源二端网络 N，都可以用一个_____来代替。

11. 最大功率传输条件说明，当电源电压 U_S 和其串联的内阻 R_S 不变，负载 R_L 可变时，R_L _____ R_S 时，R_L 可获得最大功率，P_{max} = _____，这种情况称为负载与网络_____。

12. 在应用叠加定理时，受控源不能_____，其大小和方向都随_____变化。

13. 对于理想电压源而言，不允许_____路，但允许_____路。

14. 若 U_{ab} = 12V，a 点电位 V_a 为 5V，则 b 点电位 V_b 为_____ V。

2-2 判断题

1. 电压源与电流源间的等效关系，对外电路是等效的，但电源内部是不等效的。（   ）

2. 理想电压源和理想电流源可以等效互换。（   ）

3. 受控源在电路分析中的作用，和独立源完全相同。（   ）

4. 叠加定理只适用于直流电路的分析。（   ）

5. 在节点处各支路电流的参考方向不能均设为流向节点，否则将只有流入节点的电流，而无流出节点的电流。（   ）

6. 沿顺时针或逆时针方向列写 KVL 方程，其结果是相同的。（   ）

7. 通常电灯接通的越多，总负载电阻越小。（   ）

8. 两个理想电压源一个为 6V，另一个为 9V，极性相同并联，其等效电压为 15V。（   ）

9. 基尔霍夫定律只适用于线性电路。（   ）

10. 基尔霍夫定律既适用于线性电路也适用于非线性电路。（   ）

11. 一个 6A 的电流源与一个 2A 的电流源并联，等效仍是一个 6A 的电流源。（   ）

12. 节点电压法只适用于直流电路。（   ）

13. 节点电压法的互电导符号恒取负（ – ）。（   ）

14. 叠加定理只适用于线性电路中。（   ）

2-3 选择题

1. 在有 n 个节点、b 条支路的连通电路中，可以列出独立 KCL 方程和独立 KVL 方程的个数分别为（   ）。

A. n；b B. $b-n+1$；$n+1$ C. $n-1$；$b-1$ D. $n-1$；$b-n+1$

2. 使用节点电压法列节点方程时，要把电阻和电压源串联变为（   ）才列方程式。

A. 电阻元件和电压源并联   B. 电阻元件和电压源串联

C. 电阻元件和电流源并联   D. 电阻元件和电流源串联

3. 应用叠加定理求某支路电压、电流时，当某独立电源作用时，其他独立电源，如果是电压源应用（   ）代替，如果是电流源应用（   ）代替。

A. 开路   B. 短路   C. 保留

4. 图 2-39 所示电路中电压 U 为（   ）。

A. 10V   B. 100V   C. 115V   D. 85V

5. 戴维南定理说明一个线性有源二端网络可等效为（   ）和内阻（   ）连接来表示。

　　A. 短路电流 I_{SC}　　　　B. 开路电压 U_{OC}　　　C. 串联　　　　　　D. 并联

6. 诺顿定理说明一个线性有源二端网络可等效为（　　）和内阻（　　）连接来表示。

　　A. 开路电压 U_{OC}　　　B. 短路电流 I_{SC}　　　C. 串联　　　　　　D. 并联

7. 两个电阻，当它们串联时，功率比为 4:9；若它们并联，则它们的功率比为（　　）。

　　A. 4:9　　　　　　　B. 9:4　　　　　　C. 2:3　　　　　　D. 3:2

8. 图 2-40 所示电路中，$I_1 =$（　　）。

　　A. 0.5A　　　　　　B. −1A　　　　　　C. 1.5A　　　　　D. 2A

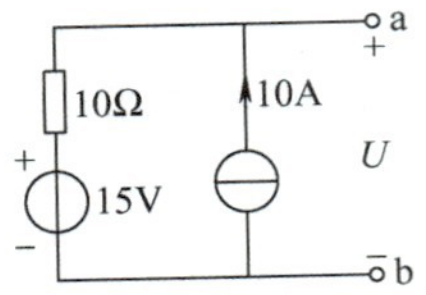

图 2-39　习题 2-3（4）电路 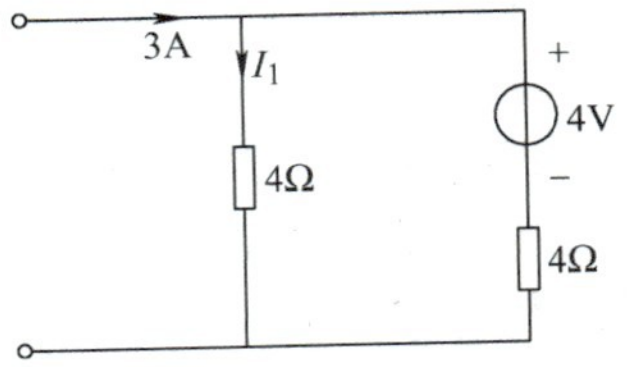　　　　　图 2-40　习题 2-3（8）电路

　　9. 用戴维南定理分析电路求端口等效电阻时，电阻为该网络中所有独立电源置零时的等效电阻。其中"独立电源置零"是指（　　）。

　　A. 独立电压源开路，独立电流源用短路线代替

　　B. 独立电压源用短路线代替，独立电流源用短路线代替

　　C. 独立电压源用短路线代替，独立电流源开路

　　D. 以上答案都不对

10. 图 2-41 所示电路中，端电压 U 为（　　）。

　　A. 8V　　　　　　　B. −2V　　　　　　C. 2V　　　　　　D. −4V

11. 图 2-42 所示电路中，$U_{S1} = 4V$，$I_{S1} = 2A$。可以用理想电流源等效代替该电路，则等效电流源的电流为（　　）。

　　A. 6A　　　　　　　B. 2A　　　　　　C. −2A　　　　　D. 4A

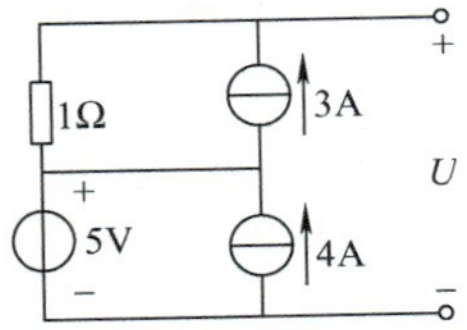

图 2-41　习题 2-3（10）电路 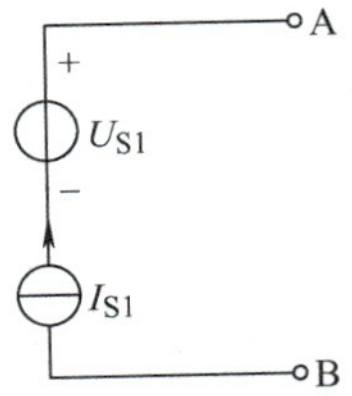　　　　　图 2-42　习题 2-3（11）电路

　　12. 图 2-43 所示电路中，A、B 两点间的等效电阻与电路中的 R_L 相等，则 R_L 为（　　）。

　　A. 40Ω　　　　　　B. 30Ω　　　　　　C. 20Ω　　　　　D. 10Ω

13. 图 2-44 所示电路中，电源电压 $U = 6V$。若使电阻 R 上的电压 $U_1 = 4V$，则电阻 R 为（　　）。

　　A. 2Ω　　　　　　　B. 4Ω　　　　　　C. 6Ω　　　　　　D. 8Ω

14. 图 2-45 所示电路中，电流 I 等于（　　）。

　　A. 1A　　　　　　　B. 2A　　　　　　C. 3A　　　　　　D. 4A

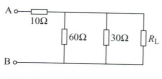

图 2-43 习题 2-3(12) 电路

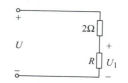

图 2-44 习题 2-3(13) 电路

15. 图 2-46 所示电路中，a、b 间的等效电阻为 （　　）。

A. 2Ω　　　　　　　B. 6Ω　　　　　　　C. 8Ω　　　　　　　D. 10Ω

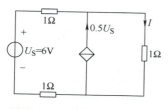

图 2-45 习题 2-3(14) 电路

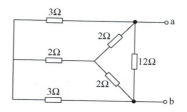

图 2-46 习题 2-3(15) 电路

16. 图 2-47 所示电路中，节点 a 的节点电压方程为 （　　）。

A. $8U_a - 2U_b = 2$　　　　　　B. $1.7U_a - 0.5U_b = 2$

C. $1.7U_a + 0.5U_b = 2$　　　　　D. $1.7U_a - 0.5U_b = -2$

2-4　电路如图 2-48 所示，试问电路中共有多少个节点、多少条支路及多少个网孔？

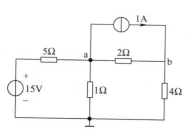

图 2-47 习题 2-3(16) 电路

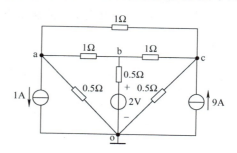

图 2-48 习题 2-4 电路

2-5　电路如图 2-49 所示，求电路中的未知电流。

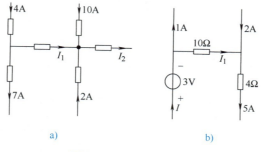

a)　　　　　　　　　　　　　b)

图 2-49 习题 2-5 电路

2-6 用支路电流法求解图 2-50 中的电压 U_1、U_2 和电流 I_1、I_2。

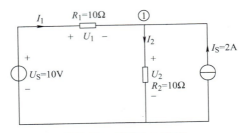

图 2-50 习题 2-6 电路

2-7 试用支路电流法求解图 2-51 所示电路的各支路电流。

2-8 已知图 2-52 电路中电压 $U = 4.5\text{V}$，试用支路电流法求电阻 R。

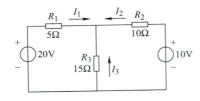 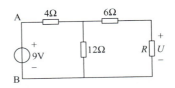

图 2-51 习题 2-7 电路   图 2-52 习题 2-8 电路

2-9 图 2-53 所示电路中，用支路电流法求电阻 R_3。

2-10 用支路电流法计算图 2-54 所示电路中 A、B 两点间的电压 U_{AB}。

2-11 图 2-55 电路中，用支路电流法求解电压 U_{AB}。

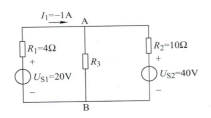 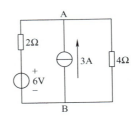 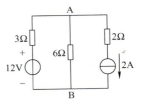

图 2-53 习题 2-9 电路   图 2-54 习题 2-10 电路   图 2-55 习题 2-11 电路

2-12 用节点电压法求解图 2-56 中电压 U_{AB}。

2-13 用节点电压法求图 2-57 所示电路中的电压 U_O。

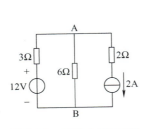 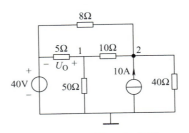

图 2-56 习题 2-12 电路   图 2-57 习题 2-13 电路

2-14　试用弥尔曼定理求解图 2-58 所示电路中 A 点的电位。

2-15　一只 100Ω、$100W$ 的电阻与 $120V$ 电源相串联，至少要串入多大的电阻 R 才能使该电阻正常工作？电阻 R 上消耗的功率又为多少？

2-16　电路如图 2-59 所示，求输入电阻 R_0。

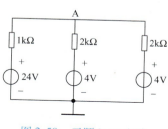

图 2-58　习题 2-14 电路

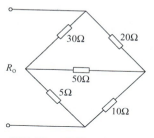

图 2-59　习题 2-16 电路

2-17　求图 2-60 所示各电路的等效电阻 R_{ab}（电路中的电阻单位均为 Ω）。

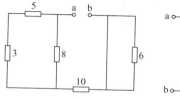
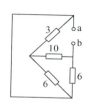

图 2-60　习题 2-17 电路

2-18　在图 2-61 所示电路中，求 I。

2-19　利用电压源与电流源等效变换法求图 2-62 电路中的电流 I。

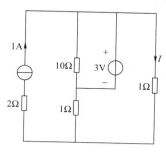

图 2-61　习题 2-18 电路

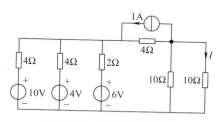

图 2-62　习题 2-19 电路

2-20　将图 2-63 电路分别等效为电压源和电流源。

2-21　计算图 2-64 所示电路的电压 U_1 和 U_2。

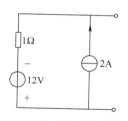

图 2-63　习题 2-20 电路

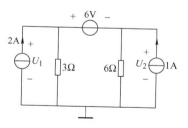

图 2-64　习题 2-21 电路

2-22 电路如图 2-65 所示,应用节点电压法或叠加定理求解电压 U。

2-23 求图 2-66 所示电路中的开路电压 U_{OC}。

2-24 求图 2-67 所示电路的戴维南等效电路和诺顿等效电路。

2-25 试用诺顿定理求图 2-68 所示电路中 4Ω 电阻中流过的电流。

2-26 图 2-69 所示电路中,电阻 R 为何值时获得最大功率?

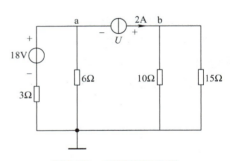

图 2-65　习题 2-22 电路

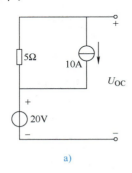

a)

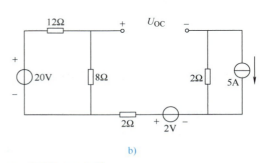

b)

图 2-66　习题 2-23 电路

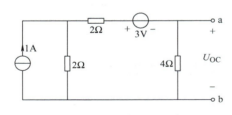

图 2-67　习题 2-24 电路

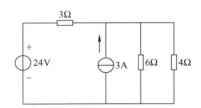

图 2-68　习题 2-25 电路

2-27 图 2-70 所示电路中,R_L 等于何值时能得到最大功率 P_0?并计算 P_0。

2-28 图 2-71 所示电路中,求开关 S 断开和闭合时 A 点的电位 V_A。

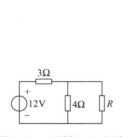

图 2-69　习题 2-26 电路

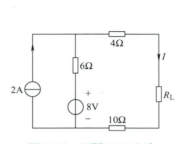

图 2-70　习题 2-27 电路

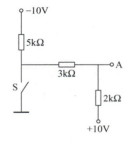

图 2-71　习题 2-28 电路

2-29 图 2-72 所示电路中,求电压 U。

2-30 用戴维南定理求图 2-73 所示电路的电流 I。

2-31 试用叠加定理求图 2-74 所示电路的电流 I_2。

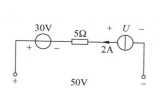

图 2-72 习题 2-29 电路

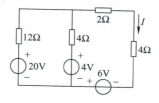

图 2-73 习题 2-30 电路

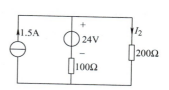

图 2-74 习题 2-31 电路

2-32 电路如图 2-75 所示，试求电压 U。

2-33 试用叠加定理求解图 2-76 所示电路中的电流 i。

2-34 电路如图 2-77 所示，试求电路中的电流 I。

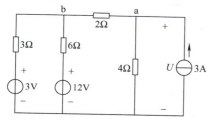

图 2-75 习题 2-32 电路

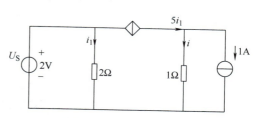

图 2-76 习题 2-33 电路

2-35 图 2-78 所示电路中，$I_\mathrm{S} = 0$ 时，$I = 2\mathrm{A}$，则当 $I_\mathrm{S} = 8\mathrm{A}$ 时，I 为多少？（提示：$I_\mathrm{S} = 0$ 时，该支路断开，从叠加定理的角度考虑）

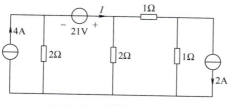

图 2-77 习题 2-34 电路

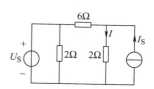

图 2-78 习题 2-35 电路

2-36 用节点电压法求图 2-79 所示电路中的 I_1、I_2 和 I_3。

2-37 用节点电压法求图 2-80 所示电路中的 i_1。

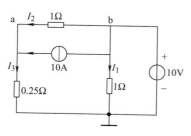

图 2-79 习题 2-36 电路

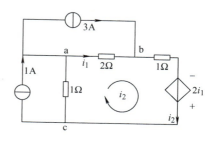

图 2-80 习题 2-37 电路

2-38　有一内阻为 1800Ω、最大量程为 $100\mu A$ 的电流表，若将它改装成量程为 $1mA$ 的电流表，应如何操作？简述理由。（仅提供电阻元件）

2-39　如图 2-81 所示，保护接地是将电气设备的外露可导电部分与大地做可靠的电气连接（接地电阻小），提高用电安全系数，防止触电事故，试简述其原理。

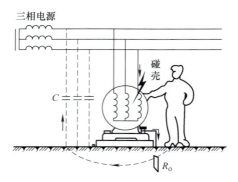

图 2-81　保护接地

项目2
扫码练习

项目3　单相正弦交流电路分析

学习目标

1）了解正弦交流电路的基本知识及相量表示法。
2）掌握正弦交流电路中电路元件的特性。
3）掌握正弦交流电路伏安特性及功率。
4）掌握正弦交流电路的分析方法。
5）掌握正弦交流电路的应用。

工作任务1

1. 任务描述

荧光灯照明电路的安装、测量。

2. 任务实施

（1）荧光灯照明电路的安装

1）布局定位。根据荧光灯电路各部分的尺寸进行合理布局定位，制作安装电路板，如图 3-1 所示。

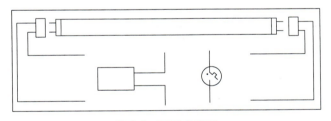

图 3-1　安装电路板

2）用万用表检测荧光灯。灯管两端灯丝电阻为几欧，镇流器电阻为 20～30Ω，辉光启动器不导通，电容器应有充电效应。

3）根据图 3-2 进行荧光灯照明电路的安装。

4）完成接线并检查无误，通电观察荧光灯照明电路的工作情况。

> **注意：** 在接线时，中间不应有接头，特别是在线管内，更不能有接头，如果有接头，应在电线盒内，这样才能保证电线接头不发生打火、短路和接触不良的现象。

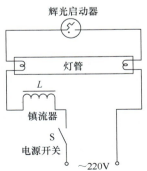

图 3-2　荧光灯照明电路原理图

（2）荧光灯照明电路的测量

1）根据电路原理图，画出接线图，如图 3-3 所示，并接线。

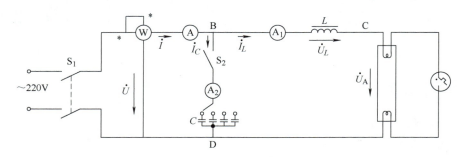

图 3-3　荧光灯照明电路接线图

2）断开开关 S_2，闭合电源开关 S_1，分别测量荧光灯照明电路端电压 U、镇流器电压 U_L、灯管电压 U_A 并记入表 3-1 中，分析三者之间的关系。

表 3-1　数据记录表格（一）

项　　目	测 量 数 值			计 算 值
	U/V	U_L/V	U_A/V	$\cos\varphi$
正常工作值				

3）闭合开关 S_2，闭合电源开关 S_1，改变并联电容的数值，分别测量荧光灯照明电路端电压 U、镇流器电压 U_L、灯管电压 U_A、电路总电流 I、电容电流 I_C、荧光灯电流 I_L 和荧光灯照明电路的功率 P 并记入表 3-2 中，注意各测量值的变化，分析其原因。

表 3-2　数据记录表格（二）

电容值 /μF	测 量 数 值							计算值
	U/V	U_L/V	U_A/V	I/A	I_C/A	I_L/A	P/W	$\cos\varphi$
1								
2								
3								
4								

（3）思考

1）为什么镇流器电压 U_L 加上灯管电压 U_A 大于电源电压？

2）并联电容后，随着电容的投入，为什么有功功率不变，总电流先减小再增大，功率因数先增大再减小？

3）若荧光灯不亮，应如何检测？

▶▶ 相关实践知识1

荧光灯照明电路原理图如图 3-2 所示，主要由灯管、镇流器和辉光启动器组成。

（1）主要元件及其作用

1）灯管：两端各有一个灯丝，灯管内充有微量的惰性气体和稀薄的汞蒸气，灯管内壁涂有荧光粉。两个灯丝之间的气体导电时发出紫外线，使涂在灯管内壁的荧光粉发出柔和的可见光。

2）镇流器：一个带有铁心的电感线圈。它与辉光启动器配合产生瞬间高电压使荧光灯管导通，激发荧光粉发光，还可以限制和稳定电路的工作电流。

3）辉光启动器：主要由辉光放电管和电容器组成，其内部结构如图 3-4 所示。其中辉光放电管内部的倒 U 形双金属片（动触片）由两种热膨胀系数不同的金属片组成；电容器容量小，可以防止辉光启动器动、静触片断开时产生的火花烧坏触片。

（2）电路工作原理　在荧光灯照明电路接通电源后，电源电压全部加在辉光启动器两端，使其内部的动触片与静触片之间产生辉光放电。辉光放电产生的热量使动触片受热膨胀趋向伸直，与静触片接通，此时与灯管两端的灯丝、镇流器、交流电源构成一个回路。灯丝因通过电流而发热，从而使灯丝上的氧化物发射电子。与此同时，动、静触片间电压为零，辉光放电立即停止，动触片冷却收缩而脱离静触片，导致镇流器中的电流突然减小为零。于是，镇流器产生的自感电动势与电源电压

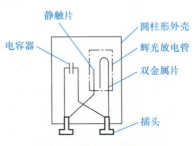

图 3-4　辉光启动器结构

串联叠加于灯管两端，迫使灯管内的惰性气体分子电离而产生弧光放电，灯管内温度逐渐升高，水银蒸气游离，并猛烈地撞击惰性气体分子而放电，同时辐射出不可见的紫外线激发灯管内壁的荧光粉发出近似荧光的可见光。灯管发光后，其两端的电压不足以使辉光启动器辉光放电，交流电源、镇流器与灯管串联构成一个电流通路，从而保证荧光灯的正常工作。

工作任务2

1. 任务描述

插座及单灯单控电路安装、测量。

2. 任务实施

图 3-5 所示的插座及单灯单控电路为低压照明用电应用最广泛的一种电路。

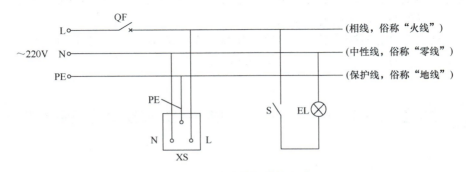

图 3-5　插座及单灯单控电路

该电路主要由低压断路器 QF（带剩余电流保护）（图 3-6）、单相插座 XS（图 3-7）、单控开关 S（图 3-8）和白炽灯 EL 等组成。

 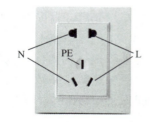  

图 3-6 低压断路器 图 3-7 单相插座外形及接线　　图 3-8 单控开关外形及接线

1）按图 3-5 安装好电路，接线时应注意：

① 插座接线遵循"左零右火中地"的原则。

② 对于灯控电路，相线先过开关，再接白炽灯；若灯座为螺口型，则灯座底部触点接相线，螺口部分接中性线。

③ 导线布线遵循"横平竖直、上进下出"的原则。

2）合上低压断路器 QF，插座 XS 接入单相交流电，为用电器提供单相电源。再合上开关 S，白炽灯 EL 点亮。用验电笔测试所安装电路是否接线正确，并记录到表 3-3 中，验电笔发光的在相应空格中打"√"。

表 3-3 照明电路记录

检测点	验电笔是否发光	检测点	验电笔是否发光
开关进线端		插座 N 端	
开关出线端（开关断开）		插座 L 端	
开关出线端（开关闭合）		插座 PE 端	
灯进线端		灯出线端	

相关实践知识2

验电笔又称低压验电器，简称电笔，是用来判断照明电路中的相线和中性线、检测低压电器设备是否漏电的一种常用测电工具。

常用的氖泡式验电笔按外形分为钢笔式和螺钉旋具式两种，结构如图 3-9 所示。氖管是一种内部充满氖气的玻璃管，只要通过微弱的电流，就会发出暗黄色的光。

a) 钢笔式　　　　　　　　　　　　　　　　　b) 螺钉旋具式

图 3-9 氖泡式验电笔

常用的验电笔的电压测量范围为 60～500V。使用时，手要接触笔尾金属体，将验电笔的笔尖金属体触碰带电体，使带电体、验电笔、人体和大地构成通路。若带电体带电，则氖管发光。观察孔（氖管小窗）要朝向自己，以便观察。握笔方法如图 3-10 所示。

带电体、验电笔、人体和大地所构成回路的等效电路如图 3-11 所示，其中 R_1 为验电笔的电阻，R_2 为人体和大地间形成的电阻，C 为人体与地之间所形成的电容。人体电阻 R_2 与验电笔电阻 R_1 相比较小可忽略，通过人体的电流很微弱，可安全操作。

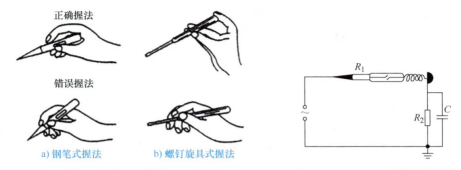

正确握法

错误握法

a) 钢笔式握法　　　b) 螺钉旋具式握法

图 3-10　验电笔握笔方法　　　　　图 3-11　验电笔工作原理电路

使用注意事项：

1）使用时，手指必须与验电笔尾部金属体相接触，使被测带电体、验电笔、人体和大地构成回路。

2）每次使用验电笔前，应先在带电的插座或开关上试测一下，确认验电笔良好方可使用。

3）测量时切记不要触碰与带电体接触的验电笔笔尖部分。

4）验电笔所测电压范围为 60～500V，被测带电体电压超过 60V，氖管才会发光，严禁测高电压。

▷ 相关理论知识

3.1　正弦交流电的基本概念

3.1.1　交流电路概述

实际应用中，交流电比直流电具有更广泛的应用。大小和方向均随时间按一定规律变化的电压或电流称为交变电压或电流，简称交流电。交变电压或电流随时间变化，它在任一时刻的数值称为瞬时值，用小写字母 u 或 i 表示。

交流电路中应用最广泛的是正弦交流电。大小和方向均随时间按正弦规律变化的电压或电流称为正弦交流电。正弦电压、正弦电流统称为正弦量（或正弦信号）。

3.1.2　正弦交流电的三要素

正弦量可以用波形图（如图 3-12 所示）和函数表达式（解析式）$i(t) = I_m \sin(\omega t + \varphi)$ 来表示。

由上述正弦量的表示方式可知它是时间 t 的函数，数值有正有负，其特征表现在大小、变化的快慢、初始值三个方面，而这三个方面分别由幅值、角频率、初相位来确定。因此，幅值、角频率、初相位称为正弦量的三要素，知道了这三个要素就可确定一个正弦量。

1. 幅值和有效值

幅值反映了正弦量变化的幅度，指正弦量瞬时值中的最大值，即正弦量的振幅，用大写字母加下角标 m 来表示，如 U_m、I_m，如图 3-12 所示。而在实际应用中，表征正弦量大小的不是瞬时值或幅值，而是有效值。因为瞬时值随时间变化，不好确定，而幅值一个周期只达到两次，若采用则夸大其作用。

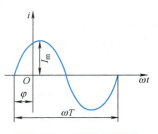

图 3-12　正弦电流波形

交流电的有效值是根据它的热效应来确定的。有效值定义如下：周期性电流 i 流过电阻 R 在一个周期 T 所产生的热量与直流电流 I 流过电阻 R 在时间 T 内所产生的热量相等，则此直流电流的电流值 I 为此周期性电流的有效值。

周期性电流 i 流过电阻 R，在时间 T 内，电流 i 所产生的热量为

$$Q_1 = \int_0^T i^2 R \mathrm{d}t$$

直流电流 I 流过电阻 R 在时间 T 内所产生的热量为

$$Q_2 = I^2 R T$$

当两个电流在一个周期 T 内所做的功相等时，有 $Q_1 = Q_2$，则

$$I^2 R T = \int_0^T i^2 R \mathrm{d}t$$

于是得

$$I = \sqrt{\frac{1}{T} \int_0^T i^2 \mathrm{d}t}$$

有效值

正弦量及其
三要素

上式就是周期性电流 i 的有效值的定义式。

同理，周期性电压 u 的有效值的定义式为

$$U = \sqrt{\frac{1}{T} \int_0^T u^2 \mathrm{d}t}$$

对于正弦电流则有

$$I = \sqrt{\frac{1}{T} \int_0^T i^2 \mathrm{d}t} = \sqrt{\frac{1}{T} \int_0^T I_m^2 \sin^2(\omega t + \varphi_i) \mathrm{d}t} = \frac{I_m}{\sqrt{2}} \approx 0.707 I_m \tag{3-1}$$

同理可得

$$U = \frac{U_m}{\sqrt{2}} \approx 0.707 U_m \tag{3-2}$$

有效值用大写字母来表示，如 U、I。在工程上凡谈到正弦电压或电流等量值时，若无特殊说明，总是指有效值，一般电气设备铭牌上所标明的额定电压和电流值都是指有效值，例如 "220V，60W" 的白炽灯是指额定电压的有效值为 220V。大多数交流电压表和电流表都是测量有效值，但是电气设备的绝缘水平——耐压水平，则是按最大值考虑。

2. 周期、频率和角频率

周期、频率和角频率反映了正弦量变化的快慢。正弦量循环一次所需的时间称为它的周期，用 T 表示，如图 3-12 所示，单位为秒（s）。单位时间内正弦量变化的循环次数称为它的频率，用 f 表示，单位为赫兹（Hz）。频率是周期的倒数，即

$$f = \frac{1}{T} \tag{3-3}$$

我国采用 50Hz 作为国家电力工业标准频率（工频）。

正弦量每经过一个周期 T，对应的角度变化了 2π，所以有

$$\omega T = 2\pi$$

$$\omega = \frac{2\pi}{T} = 2\pi f \tag{3-4}$$

式中，ω 为角频率，表示正弦量在单位时间内变化的角度，单位为弧度/秒（rad/s）。

3. 初相位和相位差

在正弦量的表达式中，$(\omega t + \varphi)$ 随时间变化，称为正弦量的相位角或相位，它描述了正弦量变化的进程或状态。φ 为 $t = 0$ 时刻的相位，称为初相位，即初始值的相位，它反映了正弦量在计时起点的状态，大小与所选的计时起点有关，计时起点选择不同，初相位就不同。习惯上取 $-180° \leqslant \varphi \leqslant 180°$。图 3-13a、图 3-13b 分别表示初相位为正值和负值时正弦电流的波形图。

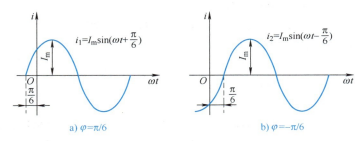

a) $\varphi = \pi/6$　　　　b) $\varphi = -\pi/6$

图 3-13　正弦电流的初相位

在正弦交流电路分析中，正弦量之间经常要相互比较。同一电路中的正弦量频率处处相同，除了比较大小，还要比较相位，比较相位就存在相位差。两个同频率的正弦信号的相位之差称为相位差。

例如任意两个同频率的正弦电流

$$i_1(t) = I_{m1} \sin(\omega t + \varphi_1) \quad i_2(t) = I_{m2} \sin(\omega t + \varphi_2)$$

如图 3-14 所示，其相位差是

$$\varphi_{12} = (\omega t + \varphi_1) - (\omega t + \varphi_2) = \varphi_1 - \varphi_2 \tag{3-5}$$

由式（3-5）可知，两个同频率正弦量的相位差等于它们初相位之差，与时间 t 无关。习惯上取 $|\varphi_{12}| \leqslant 180°$。相位差情况有以下几种：

1）$\varphi_{12} > 0$ 时，称 i_1 超前 i_2 φ_{12} 角度或称 i_2 滞后 i_1 φ_{12} 角度。

2）$\varphi_{12} < 0$ 时，称 i_1 滞后 i_2 φ_{12} 角度或称 i_2 超前 i_1 φ_{12} 角度。

3）$\varphi_{12} = 0$ 时，称 i_1 与 i_2 同相，如图 3-15a 所示。

4）$\varphi_{12} = \pi$ 时，称 i_1 与 i_2 反相，如图 3-15b 所示。

5）$\varphi_{12} = \pi/2$ 时，称 i_1 与 i_2 正交，如图 3-15c 所示。

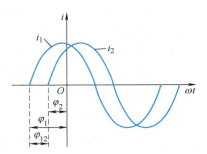

图 3-14　正弦量的相位关系

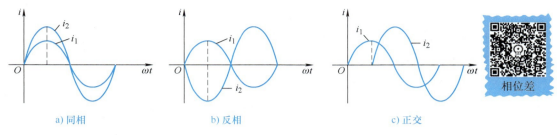

图 3-15　相位差的特殊形式

例 3-1　已知一正弦电流 i 的 $I_m = 10\mathrm{A}$，$f = 50\mathrm{Hz}$，$\varphi = 60°$，求电流 i 的瞬时值表达式。

解　$\omega = 2\pi f = 2 \times 3.14 \times 50\mathrm{rad/s} = 314\mathrm{rad/s}$

所以 $\qquad\qquad\qquad\qquad\qquad i = 10\sin(314t + 60°)\mathrm{A}$

例 3-2　已知两正弦电压 $u_1 = 100\sqrt{2}\sin(314t + 60°)\mathrm{V}$、$u_2 = 50\sqrt{2}\sin(314t - 60°)\mathrm{V}$，求两者之间的相位差。

解　已知 $\varphi_1 = 60°$，$\varphi_2 = -60°$，则

$$\varphi_{12} = \varphi_1 - \varphi_2 = 60° - (-60°) = 120°$$

即 u_1 超前 $u_2 120°$ 或 u_2 滞后 $u_1 120°$。

3.2　正弦量的相量表示

　　一个正弦量可以用三角函数式表示，也可以用正弦曲线表示，但是用这两种方法进行正弦量的计算是很繁琐的，有必要研究如何简化。由于在同一正弦交流电路中，所有的电压、电流都是同频率的正弦量，所以要确定这些正弦量，只要确定它们的有效值和初相位就可以了。

　　相量法是利用正弦量与复数一一对应、正弦量运算与复数运算一一对应的关系，用复数来表示正弦量，借助复数运算代替正弦交流电路的稳态分析与计算，简化正弦电路分析计算的一种方法。

3.2.1　复数的相关知识

1. 复数的几种形式

一个复数可以用多种形式来表示：

1）代数形式：$A = a + jb$。

2）三角函数形式：$A = r\cos\varphi + jr\sin\varphi$。

3）指数形式：$A = re^{j\varphi}$。（利用欧拉公式 $e^{j\varphi} = \cos\varphi + j\sin\varphi$）。

4）极坐标形式：$A = r\angle\varphi$。

a 称为复数 A 的实部，b 称为复数 A 的虚部，r 称为复数 A 的模，φ 称为复数 A 的辐角。

注意： 在电工学中，为避免与电流 i 混淆，选用 j 表示虚单位，$j^2 = -1$。

　　另外，可以把复数在复平面内表示，即用复数对应的复相量表示，如图 3-16 所示，复

数 A 的模 r 为有向线段 OA 的长度，辐角 φ 为有向线段 OA 与实轴的夹角。

其中 $\begin{cases} r = \sqrt{a^2 + b^2} \\ \varphi = \arctan \dfrac{b}{a} \end{cases}$，$\begin{cases} a = r\cos\varphi \\ b = r\sin\varphi \end{cases}$。

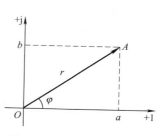

图 3-16　复数的复相量表示

例 3-3　试写出复数 $5 + j5$ 的三角函数式、指数式和极坐标式。

解　复数的模　　$r = \sqrt{5^2 + 5^2} = 5\sqrt{2}$

复数的辐角　　　　　　　　$\varphi = \arctan \dfrac{5}{5} = \arctan 1 = 45°$

三角函数式为　　　　　　　$5\sqrt{2}\cos 45° + j5\sqrt{2}\sin 45°$

指数式为　　　　　　　　　$5\sqrt{2}\,e^{j45°}$

极坐标式为　　　　　　　　$5\sqrt{2}\angle 45°$

2. 复数的加减运算

复数相加（或相减），采用复数的代数形式进行，即实部和实部相加（或相减），虚部和虚部相加（或相减）。如：

$$A_1 = a_1 + jb_1$$
$$A_2 = a_2 + jb_2$$
$$A_1 + A_2 = (a_1 + jb_1) + (a_2 + jb_2) = (a_1 + a_2) + j(b_1 + b_2)$$
$$A_1 - A_2 = (a_1 + jb_1) - (a_2 + jb_2) = (a_1 - a_2) + j(b_1 - b_2)$$

复数相加减也可以在复平面上进行。容易证明：两个复数相加的运算在复平面上是符合平行四边形的求和法则的；两个复数相减时，可先作出（$-A_2$）矢量，然后把 $A_1 + (-A_2)$ 用平行四边形法则相加，如图 3-17 所示。

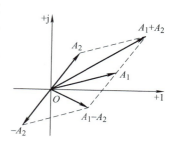

例 3-4　已知复数 $A = 10\angle 30°$，$B = 20\angle 45°$，求 $A + B$。

解　$A + B = 10\cos 30° + j10\sin 30° + 20\cos 45° + j20\sin 45°$

$\qquad\qquad = 8.66 + j5 + 14.14 + j14.14$

$\qquad\qquad = 22.8 + j19.14$

$\qquad\qquad = 29.77\angle 40°$

图 3-17　复数的加减

3. 复数的乘除运算

复数相乘（或相除），采用复数的指数形式或极坐标形式进行，即复数相乘时，模相乘，辐角相加；复数相除时，模相除，辐角相减。如：

$$A_1 = a_1 + jb_1 = r_1\angle\varphi_1 , A_2 = a_2 + jb_2 = r_2\angle\varphi_2$$
$$A_1 A_2 = r_1\angle\varphi_1 \times r_2\angle\varphi_2 = r_1 r_2\angle(\varphi_1 + \varphi_2)$$
$$\frac{A_1}{A_2} = \frac{r_1\angle\varphi_1}{r_2\angle\varphi_2} = \frac{r_1}{r_2}\angle(\varphi_1 - \varphi_2)$$

例 3-5　已知复数 $A = 6 + j8$，$B = 3 - j4$，求 AB 和 A/B。

解　$A = 6 + j8 = 10\angle 53.13°$

$$B = 3 - j4 = 5 \angle -53.13°$$

则 $$AB = 10 \angle 53.13° \times 5 \angle -53.13° = 50 \angle (53.13° - 53.13°) = 50 \angle 0°$$

$$\frac{A}{B} = \frac{10 \angle 53.13°}{5 \angle -53.13°} = 2 \angle (53.13° + 53.13°) = 2 \angle 106.26°$$

3.2.2 相量

1. 用复数表示正弦量

正弦量 $$u = U_m \sin(\omega t + \varphi)$$

可以写作 $$u = U_m \sin(\omega t + \varphi) = \text{Im}\left[\sqrt{2} U e^{j(\omega t + \varphi)}\right] = \text{Im}\left[\sqrt{2} U e^{j\varphi} e^{j\omega t}\right] \quad (3-6)$$

式中，复数 $\sqrt{2} U e^{j(\omega t + \varphi)} = \sqrt{2} U[\cos(\omega t + \varphi) + j\sin(\omega t + \varphi)]$。

式 (3-6) 中，$\text{Im}[\ ]$ 是取复数的虚数部分的意思，"Im" 是虚数的缩写。式 (3-6) 表明，正弦电压 u 等于复数函数 $\sqrt{2} U e^{j(\omega t + \varphi)}$ 的虚部，该复数函数包含了正弦量的三要素，而其中的常数部分 $U e^{j\varphi}$ 是包含了正弦量的有效值 U 和初相角 φ 的复数，我们把这个复数称为正弦量的有效值相量，并用符号 $\dot{U}$ 表示，上面的小圆点用来表示相量。则

$$\dot{U} = U e^{j\varphi} \quad (3-7)$$

简写为 $$\dot{U} = U \angle \varphi \quad (3-8)$$

表示正弦量的复数称为相量，必须把正弦量和相量加以区分。正弦量是时间的函数，而相量只包含了正弦量的有效值和初相位，它只能代表正弦量，而并不等于正弦量，正弦量和相量之间存在着一一对应关系。给定了正弦量，可以得出表示它的相量；反之，由已知的相量，可以写出它所代表的正弦量。

例 3-6 已知两同频率的正弦量 $u = 20\sin(314t + 30°)\text{V}$、$i = 10\sin(314t - 45°)\text{A}$，试写出正弦量 u、i 对应的相量表示式。

解

$$\dot{U} = \frac{20}{\sqrt{2}} \angle 30° \text{ V} = 10\sqrt{2} \angle 30° \text{ V}$$

$$\dot{I} = \frac{10}{\sqrt{2}} \angle -45° \text{ A} = 5\sqrt{2} \angle -45° \text{ A}$$

相量图如图 3-18 所示。

例 3-7 工频条件下，两正弦量对应的相量分别为 $\dot{U} = 50 \angle 60° \text{ V}$，$\dot{I} = 10 \angle -30° \text{ A}$，试写出这两个正弦量的解析式。

解 $$\omega = 2\pi f = 2\pi \times 50 \text{rad/s} = 314 \text{rad/s}$$

因此 $$u = 50\sqrt{2}\sin(314t + 60°)\text{V}, \quad i = 10\sqrt{2}\sin(314t - 30°)\text{A}$$

2. 相量图及其应用

相量和复数一样，可以在复平面上用矢量表示，这种表示相量的图，称为相量图。正弦量 $u = U_m \sin(\omega t + \varphi)$ 对应的相量为 $\dot{U} = U \angle \varphi$，其相量图如图 3-19 所示，正弦量的有效值对应相量的模，初相位对应相量的辐角。

从相量图中不但可以清晰地看出正弦量的大小和相位关系，还可用于正弦量之间的比

较，图 3-18 所示为例 3-6 的相量图，从图中可以看出，相量 $\dot{U}$ 与 $\dot{I}$ 之间的夹角为 75°，$\dot{U}$ 超前 $\dot{I}$ 75°。

图 3-18 例 3-6 相量图   图 3-19 电压相量图

为了清楚起见，相量图上省去了虚轴 +j，用初相位为 0° 的相量表示实轴时，实轴也可以省去。

> **注意：** 有时为了简化正弦交流电路的分析和计算，常假设某一正弦量的初相位为零，该正弦量叫作参考正弦量，其对应的相量形式称为参考相量。

例 3-8 已知两个同频率正弦电流，其解析式为 $i_1 = 10\sqrt{2}\sin(314t + 60°)\,\mathrm{A}$，$i_2 = 5\sqrt{2}\sin(314t - 60°)\,\mathrm{A}$，试求它们的和 $i_1 + i_2$。

解 同频率正弦量之和仍是同频率的正弦量，但运用三角函数方法求解较为繁琐，而采用相量法求解则较为方便。

$$\dot{I}_1 = 10\angle 60°\,\mathrm{A} = (10\cos 60° + \mathrm{j}10\sin 60°)\,\mathrm{A}$$
$$= (5 + \mathrm{j}8.66)\,\mathrm{A}$$

$$\dot{I}_2 = 5\angle -60°\,\mathrm{A} = [5\cos(-60°) + \mathrm{j}5\sin(-60°)]\,\mathrm{A}$$
$$= (2.5 - \mathrm{j}4.33)\,\mathrm{A}$$

$$\dot{I}_1 + \dot{I}_2 = [5 + \mathrm{j}8.66 + 2.5 - \mathrm{j}4.33]\,\mathrm{A}$$
$$= [7.5 + \mathrm{j}4.33]\,\mathrm{A}$$
$$= 8.66\angle 30°\,\mathrm{A}$$

$$i_1 + i_2 = 8.66\sqrt{2}\sin(314t + 30°)\,\mathrm{A}$$

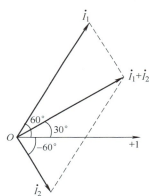

其相量图如图 3-20 所示，从相量图中可看出 $\dot{I}_1$ 超前 $\dot{I}_2$ 120°，此外还可以运用平行四边形法则分析此道例题。

由此可见，正弦量用相量来表示，可以使正弦量的运算简化。

图 3-20 $\dot{I}_1$、$\dot{I}_2$ 的相量图

3.3 正弦交流电路中的电阻元件

3.3.1 电阻元件相量形式的伏安特性

当线性电阻元件两端加正弦交流电压时，电阻中就有正弦交流电流通过。正弦交流电路中，线性电阻元件的伏安特性仍然遵循欧姆定律。如图 3-21 所示，电压与电流为关联参考方向，则电阻中的电流为

$$i_R = \frac{u_R}{R} \qquad\qquad (3\text{-}9)$$

设 $\qquad\qquad u_R = U_{Rm}\sin\omega t$

则 $\qquad i_R = \frac{u_R}{R} = \frac{U_{Rm}}{R}\sin\omega t = I_{Rm}\sin\omega t$

式中 $\qquad\qquad I_{Rm} = \frac{U_{Rm}}{R}$

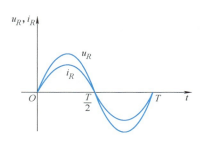

图 3-21 电阻元件

电压与电流有效值之间的关系为 $\qquad I_R = \frac{U_R}{R} \qquad\qquad (3\text{-}10)$

从以上分析可知，电阻元件电压与电流的关系为：①频率相同；②有效值之间的关系为 $I_R = \frac{U_R}{R}$；③相位相同。

电阻元件电压与电流的波形图如图 3-22 所示（设初相位为 0）。

电阻元件电压与电流对应的相量关系为

$$\dot{I}_R = I_R \angle 0°,\ \dot{U}_R = U_R \angle 0° = RI_R \angle 0°$$

则 $\qquad\qquad\qquad \dot{U}_R = R\dot{I}_R \qquad\qquad (3\text{-}11)$

式（3-11）就是电阻元件电压与电流的相量关系，即电阻元件相量形式的伏安特性。图 3-23 给出了电阻元件的相量模型及相量图。

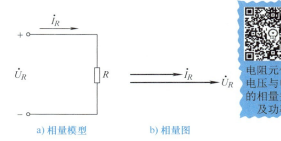

a) 相量模型　　　b) 相量图

图 3-22 电阻元件电压与电流的波形图　　图 3-23 电阻元件的相量模型及相量图

电阻元件上电压与电流的相量关系及功率

3.3.2 电阻元件的功率

在交流电路中，电压、电流随时间变化，任意电路元件上的电压瞬时值与电流瞬时值的乘积称为该元件的瞬时功率，用小写字母 p 表示。

正弦交流电路中电阻元件上的瞬时功率为

$$p_R = u_R i_R = U_{Rm}\sin\omega t I_{Rm}\sin\omega t$$
$$= U_{Rm}I_{Rm}\sin^2\omega t$$

其电压、电流、功率的波形图如图 3-24 所示。

由图 3-24 可知：只要有电流流过电阻，电阻 R 上的瞬时功率就恒大于等于 0，即总是吸收功率（消耗功率），说明电阻元件为耗能元件，始终消耗电能，产生热量。

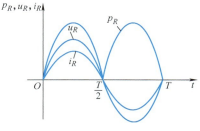

图 3-24 电阻元件的电压、电流、功率波形图

电阻元件的瞬时功率随时间变化，在工程上常用功率的平均值，即平均功率，表征其吸收功率的大小，用大写字母 P 来表示。周期性交流电路中的平均功率就是瞬时功率在一个周期内的平均值。

正弦交流电路中电阻元件上的平均功率为

$$P_R = \frac{1}{T}\int_0^T p\,\mathrm{d}t = \frac{1}{T}\int_0^T U_R I_R(1 - \cos 2\omega t)\,\mathrm{d}t = U_R I_R$$

又因为

$$U_R = RI_R$$

所以

$$P_R = U_R I_R = I_R^2 R = \frac{U_R^2}{R} \tag{3-12}$$

功率的单位为瓦（W），工程上常用千瓦（kW）。

由于平均功率反映了元件实际消耗电能的情况，所以又称为有功功率。习惯上常简称功率。一般电器设备铭牌上的功率值均为平均功率。

例 3-9　将阻值为 200Ω 的电阻接在电压为 $u = 400\sqrt{2}\sin(314t + 30°)$ V 的交流电源上，试计算流过电阻的电流 i_R、I_R 和电阻消耗的功率 P。

解　电压 $u = 400\sqrt{2}\sin(314t + 30°)$ V 对应的相量为 $\dot{U} = 400\angle 30°$ V，

而

$$\dot{I}_R = \frac{\dot{U}}{R} = \frac{400\angle 30°}{200}\text{A} = 2\angle 30°\ \text{A}$$

所以

$$i_R = 2\sqrt{2}\sin(314t + 30°)\ \text{A}$$
$$I_R = 2\text{A}$$
$$P = UI_R = 400 \times 2\text{W} = 800\text{W}$$

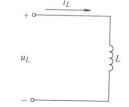

图 3-25　电感元件

3.4　正弦交流电路中的电感元件

3.4.1　电感元件相量形式的伏安特性

设电感元件电压、电流的参考方向为关联参考方向，如图 3-25 所示，且电感 L 中通入正弦电流 $i_L = I_{Lm}\sin\omega t$，则电感两端的电压（自感电压）为

$$
\begin{aligned}
u_L &= L\frac{\mathrm{d}i_L}{\mathrm{d}t} = L\frac{\mathrm{d}(I_{Lm}\sin\omega t)}{\mathrm{d}t} \\
&= I_{Lm}\omega L\cos\omega t \\
&= I_{Lm}\omega L\sin(\omega t + 90°) \\
&= U_{Lm}\sin(\omega t + 90°)
\end{aligned}
\tag{3-13}
$$

式中，$U_{Lm} = I_{Lm}\omega L$。

电压与电流有效值之间的关系为　　$U_L = I_L\omega L$ $\tag{3-14}$

从以上分析可知，电感元件电压与电流的关系为：①频率相同；②有效值之间的关系为 $U_L = I_L\omega L$；③u_L 在相位上超前 i_L 90°。

由 $U_L = I_L\omega L$ 可得 $\dfrac{U_L}{I_L} = \omega L$，很明显 U_L 恒定时，ωL 增大，I_L 减小；ωL 减小，I_L 增大。

ωL 称为感抗，用 X_L 表示，是用来表征电感元件在交流电路中对电流阻碍作用的一个物理量。感抗与角频率成正比，单位是欧姆（Ω）。

$$X_L = \omega L = 2\pi f L \qquad (3\text{-}15)$$

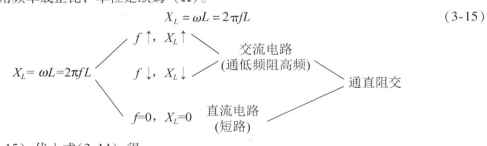

将式(3-15) 代入式(3-14) 得

$$U_L = X_L I_L \qquad (3\text{-}16)$$

电感元件电压、电流的波形图如图 3-26 所示（设电流的初相位为 0）。

电感元件电压与电流对应的相量关系为

$$\dot{I}_L = I_L \angle 0°$$

$$\dot{U}_L = U_L \angle 90° = I_L \omega L \angle 90° = \text{j}\omega L I_L \angle 0° = \text{j} X_L I_L \angle 0°$$

即

$$\dot{U}_L = \text{j} X_L \ \dot{I}_L \qquad (3\text{-}17)$$

式(3-17) 就是电感元件电压与电流的相量关系，即电感元件相量形式的伏安特性。图 3-27 给出了电感元件的相量模型及相量图。

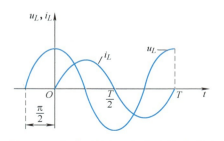

图 3-26 电感元件电压与电流的波形图

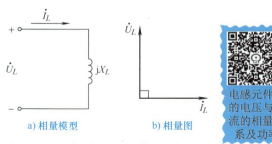

a) 相量模型   b) 相量图

图 3-27 电感元件的相量模型及相量图

电感元件上的电压与电流的相量关系及功率

3.4.2 电感元件的功率

在电压与电流为关联参考方向的情况下，正弦交流电路中电感元件的瞬时功率为

$$\begin{aligned}
p_L &= u_L i_L = U_{Lm}\sin(\omega t + 90°)I_{Lm}\sin\omega t \\
&= U_{Lm}I_{Lm}\sin\omega t\cos\omega t \\
&= 2U_L I_L \sin\omega t\cos\omega t \\
&= U_L I_L \sin 2\omega t
\end{aligned}$$

其电压、电流、功率的波形图如图 3-28 所示。由上式或波形图都可以看出，电感元件的瞬时功率按正弦规律变化，其频率是正弦电压（电流）频率的两倍。

正弦交流电路中电感元件的平均功率为

$$P_L = \frac{1}{T}\int_0^T p\,\text{d}t = \frac{1}{T}\int_0^T U_L I_L \sin 2\omega t\,\text{d}t = 0 \qquad (3\text{-}18)$$

式（3-18）表明电感元件是不消耗能量的，它是储能元件。如图 3-28 所示，电感吸收的瞬时功率不为零，在第 1 个和第 3 个 1/4 周期内，瞬时功率为正值，电感吸取外电路的电能，并将其转换成磁场能量储存起来；在第 2 个和第 4 个 1/4 周期内，瞬时功率为负值，电感将储存的磁场能量转换成电能返送给外电路。

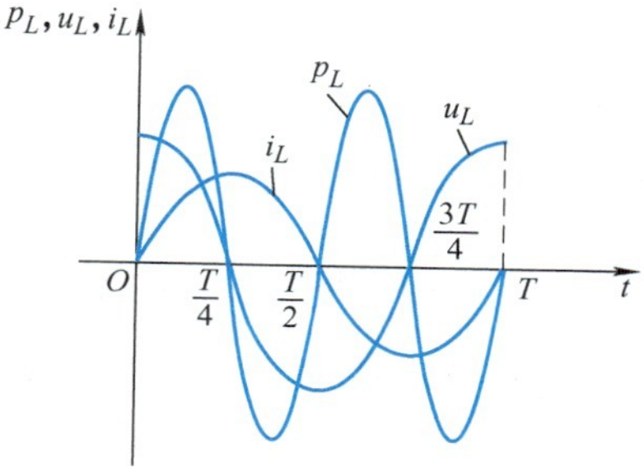

综上所述，电感元件为储能元件，不消耗电能，只与外界交换能量。

图 3-28　电感元件的电压、电流、功率波形图

为了衡量电感元件与外界能量交换的大小，把电感元件瞬时功率的最大值称为无功功率，用 Q_L 表示。

$$Q_L = U_L I_L = I_L^2 X_L = \frac{U_L^2}{X_L} \tag{3-19}$$

无功功率的单位为乏（var），工程中有时也用千乏（kvar）。

$$1\,\text{kvar} = 10^3\,\text{var}$$

电感元件储存磁场能量，其储能公式为 $W_L = \frac{1}{2} L i_L^2$（推导从略）。

例 3-10　将 $L = 20\text{mH}$ 的电感元件，接在 $u = 100\sqrt{2}\sin(100t + 30°)$ V 的正弦电源上，求：（1）电路中的电流 i_L，画相量图；（2）无功功率。

解　（1）电压 $u = 100\sqrt{2}\sin(100t + 30°)$ V

对应的相量为
$$\dot{U} = 100\angle 30°\ \text{V}$$

而
$$X_L = \omega L = 100 \times 20 \times 10^{-3}\,\Omega = 2\,\Omega$$

则
$$\dot{I}_L = \frac{\dot{U}_L}{jX_L} = \frac{100\angle 30°}{j2}\,\text{A} = 50\angle -60°\ \text{A}$$

所以
$$i_L = 50\sqrt{2}\sin(100t - 60°)\ \text{A}$$

相量图如图 3-29 所示。

（2）$Q_L = U_L I_L = 100 \times 50\,\text{var} = 5000\,\text{var}$

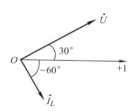

图 3-29　例 3-10 相量图

3.5　正弦交流电路中的电容元件

3.5.1　电容元件相量形式的伏安特性

设电容元件电压、电流的参考方向为关联参考方向，如图 3-30 所示，且电容 C 外接正弦交流电压为 $u_C = U_{Cm}\sin\omega t$，则电路中的电流为

$$
\begin{aligned}
i_C &= C\frac{\mathrm{d}u_C}{\mathrm{d}t} = C\frac{\mathrm{d}(U_{Cm}\sin\omega t)}{\mathrm{d}t} \\
&= U_{Cm}\omega C\cos\omega t \\
&= U_{Cm}\omega C\sin(\omega t + 90°) \\
&= I_{Cm}\sin(\omega t + 90°)
\end{aligned}
\tag{3-20}
$$

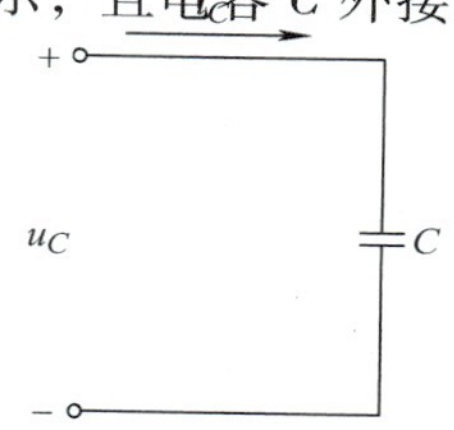

图 3-30　电容元件

式中

$$U_{Cm} = \frac{I_{Cm}}{\omega C}$$

电压与电流有效值之间的关系为
$$U_C = \frac{I_C}{\omega C} \tag{3-21}$$

从以上分析可知，电容元件电压与电流的关系为：①频率相同；②有效值之间的关系为 $U_C = \frac{I_C}{\omega C}$；③$i_C$ 在相位上超前 $u_C 90°$。

由 $U_C = \frac{I_C}{\omega C}$ 可得 $\frac{U_C}{I_C} = \frac{1}{\omega C}$，很明显 U_C 恒定时，$\frac{1}{\omega C}$ 增大，I_C 减小；$\frac{1}{\omega C}$ 减小，I_C 增大。$\frac{1}{\omega C}$ 称为容抗，用 X_C 表示，是用来表征电容元件在交流电路中对电流阻碍作用的一个物理量。容抗与角频率成反比，单位是欧姆（Ω）。

$$X_C = \frac{1}{\omega C} = \frac{1}{2\pi f C} \tag{3-22}$$

$$X_C = \frac{1}{\omega C} = \frac{1}{2\pi f C} \begin{cases} f\uparrow,\ X_C\downarrow \\ f\downarrow,\ X_C\uparrow \end{cases} \text{交流电路} \atop \text{(通高频阻低频)} \\ f\to 0,\ X_C\to\infty \quad \text{直流电路} \atop \text{(断路)} \end{cases} \text{隔直通交}$$

将式（3-22）代入式（3-21）得
$$U_C = X_C I_C \tag{3-23}$$
电容元件电压、电流的波形图如图 3-31 所示（设电压的初相位为 0）。

电容元件电压与电流对应的相量关系为
$$\dot I_C = I_C\angle 90°,\ \dot U_C = U_C\angle 0° = \frac{1}{\omega C}I_C\angle 0° = -j\frac{1}{\omega C}I_C\angle 90° = -jX_C I_C\angle 90°$$

即
$$\dot U_C = -jX_C \dot I_C \tag{3-24}$$

式（3-24）就是电容元件电压与电流的相量关系，即电容元件相量形式的伏安特性。图 3-32 给出了电容元件的相量模型及相量图。

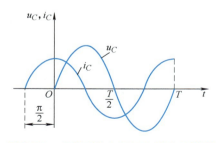

图 3-31 电容元件电压与电流的波形图

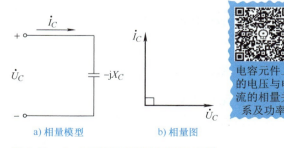

a）相量模型　　b）相量图

图 3-32 电容元件的相量模型及相量图

电容元件上的电压与电流的相量关系及功率

3.5.2 电容元件的功率

在电压与电流为关联参考方向的情况下，正弦交流电路中电容元件上的瞬时功率为

$$p_C = u_C i_C = U_{Cm}\sin\omega t I_{Cm}\sin(\omega t + 90°)$$
$$= U_{Cm}I_{Cm}\sin\omega t\cos\omega t$$
$$= 2U_C I_C\sin\omega t\cos\omega t$$
$$= U_C I_C\sin2\omega t$$

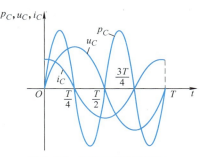

其电压、电流、功率的波形图如图 3-33 所示。由上式或波形图都可以看出，电容元件的瞬时功率按正弦规律变化，频率是正弦电压（电流）频率的两倍。

正弦交流电路中电容元件的平均功率为

$$P_C = \frac{1}{T}\int_0^T p\mathrm{d}t = \frac{1}{T}\int_0^T U_C I_C\sin2\omega t\mathrm{d}t = 0 \quad (3\text{-}25)$$

式(3-25)表明电容元件是不消耗能量的，它是储能元件。如图 3-33 所示，电容吸收的瞬时功率不为零，在第 1 个和第 3 个 1/4 周期内，瞬时功率为正值，电容吸取外电路的电能，并将其转换成电场能量储存起来；

图 3-33 电容元件的电压、电流、功率波形图

在第 2 个和第 4 个 1/4 周期内，瞬时功率为负值，电容将储存的电场能量转换成电能返送给外电路。

综上所述，电容元件为储能元件，不消耗电能，只与外界交换能量。

为了衡量电容元件与外界能量交换的大小，把电容元件瞬时功率的最大值称为无功功率，用 Q_C 表示。

$$Q_C = U_C I_C = I_C^2 X_C = \frac{U_C^2}{X_C} \quad (3\text{-}26)$$

电容元件储存电场能量，其储能公式为 $W_C = \frac{1}{2}Cu_C^2$（推导从略）。

例 3-11 设加在一电容器上的电压 $u = 10\sqrt{2}\sin(1000t - 60°)$ V，其电容 C 为 100μF，求：（1）流过电容的电流 i_C，并画出电压、电流的相量图；（2）无功功率。

解 （1） $\dot{U} = 10\angle{-60°}$ V

而
$$X_C = \frac{1}{\omega C} = \frac{1}{1000\times100\times10^{-6}}\Omega = 10\Omega$$

则
$$\dot{I}_C = \frac{\dot{U}_C}{-\mathrm{j}X_C} = \frac{10\angle{-60°}}{-\mathrm{j}10}\text{A} = 1\angle{30°}\text{ A}$$

所以
$$i_C = \sqrt{2}\sin(1000t + 30°)\text{ A}$$

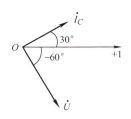

相量图如图 3-34 所示。

（2） $Q_C = U_C I_C = 10\times1\text{var} = 10\text{var}$

图 3-34 例 3-11 相量图

3.6 相量形式的基尔霍夫定律

前面介绍的基尔霍夫定律不但适用于直流电路，也适用于正弦交流电路，可以用相量形式来表示。

1. 相量形式的 KCL

在正弦交流电路中，任一瞬间，流入电路任一节点的各电流瞬时值的代数和恒等于零。即

$$\sum i = 0 \tag{3-27}$$

正弦交流电路中，各电流都是与电源同频率的正弦量，把这些同频率的正弦量用相量表示即为

$$\sum \dot{I} = 0 \tag{3-28}$$

这就是基尔霍夫电流定律的相量形式。它表明在正弦交流电路中，流入任一节点的各电流相量的代数和恒等于零。

2. 相量形式的 KVL

正弦交流电路中，任一瞬间，在电路的任一回路中各电压的瞬时值的代数和恒等于零。即

$$\sum u = 0 \tag{3-29}$$

将各正弦电压用对应的相量来表示，可得基尔霍夫电压定律的相量形式：

$$\sum \dot{U} = 0 \tag{3-30}$$

它表明在正弦交流电路中，沿着电路中任一回路所有支路的电压相量的代数和恒等于零。

例 3-12 正弦交流电路如图 3-35a 所示，已知电压表 V_1 的读数为 3V，V_2 的读数为 4V，试求 V 的读数。

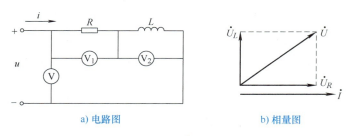

a) 电路图 b) 相量图

图 3-35 例 3-12 图

解法一 以电流 $\dot{I}$ 为参考相量，画出相量图如图 3-35b 所示。

由相量图可见，$\dot{U}_R$、$\dot{U}_L$、$\dot{U}$ 三者组成一直角三角形，故得

$$U = \sqrt{U_R^2 + U_L^2} = \sqrt{3^2 + 4^2}\,\text{V} = 5\,\text{V}$$

解法二 设电流相量为 $\dot{I} = I \angle 0° $ A，则

$$\dot{U}_R = 3 \angle 0° \text{ V}, \quad \dot{U}_L = 4 \angle 90° \text{ V}$$

由 KVL 得 $\dot{U} = \dot{U}_R + \dot{U}_L = 3 \angle 0° \text{ V} + 4 \angle 90° \text{ V} = (3 + j4)\,\text{V} = 5 \angle 53.1° \text{ V}$

故电压表 V 的读数为 5V。

例 3-13　正弦交流电路如图 3-36a 所示，已知电流表 A_1 的读数为 6A，A_2 的读数为 8A，求电流表 A 的读数。

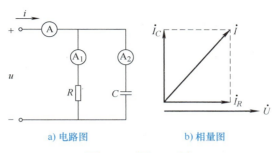

a) 电路图　　　　　　b) 相量图

图 3-36　例 3-13 图

解法一　以电压 $\dot{U}$ 为参考相量，画出相量图如图 3-36b 所示。

由相量图可见，$\dot{I}_R$、$\dot{I}_C$、$\dot{I}$ 三者组成一直角三角形，故可得

$$I = \sqrt{I_R^2 + I_C^2} = \sqrt{6^2 + 8^2}\,A = 10A$$

解法二　设电压相量为 $\dot{U} = U \angle 0°$ V，则

$$\dot{I}_R = 6 \angle 0°\ A,\ \dot{I}_C = 8 \angle 90°\ A$$

由 KCL　　$\dot{I} = \dot{I}_R + \dot{I}_C = 6 \angle 0°\ A + 8 \angle 90°\ A = (6 + j8)\,A = 10 \angle 53.1°\ A$

故电流表 A 的读数为 10A。

3.7　*RLC* 串联电路

3.7.1　*RLC* 串联电路的性质

电阻 R、电感 L 和电容 C 串联电路如图 3-37 所示。

设电流 $i = I_m \sin\omega t$ 为参考正弦量，由 KVL 可得

$$u = u_R + u_L + u_C$$

则 u、i 对应的相量形式为

$$\dot{I} = I \angle 0°,\ \dot{U} = \dot{U}_R + \dot{U}_L + \dot{U}_C$$

相应相量形式的 *RLC* 串联电路图如图 3-38 所示。

由于 $\dot{U}_R = R\dot{I}$，$\dot{U}_L = jX_L\dot{I}$，$\dot{U}_C = -jX_C\dot{I}$，则

$$\dot{U} = R\dot{I} + jX_L\dot{I} - jX_C\dot{I}$$

$$= \dot{I}[R + j(X_L - X_C)] \tag{3-31}$$

$$= \dot{I}Z$$

式中
$$Z = R + \mathrm{j}(X_L - X_C) = \frac{\dot{U}}{\dot{I}}$$

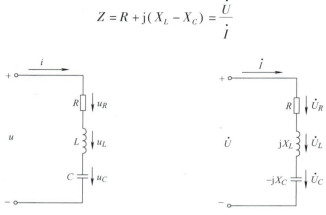

图 3-37　*RLC* 串联电路　　　　　图 3-38　相量形式的 *RLC* 串联电路

可见，在 *RLC* 串联电路中，电压相量 $\dot{U}$ 与电流相量 $\dot{I}$ 之比为一复数 Z。Z 称为此电路的复数阻抗，简称阻抗，单位为欧姆，简称欧（Ω），表征的是相量形式的正弦交流电路中电路元件对电流的阻碍作用。

阻抗的实部为电路的电阻 R；虚部为电路中的感抗 X_L 与容抗 X_C 之差，用 X 表示，$X = X_L - X_C$ 称为电路的电抗。将阻抗写成极坐标形式，则为
$$Z = R + \mathrm{j}(X_L - X_C) = R + \mathrm{j}X = |Z| \angle \varphi \tag{3-32}$$
式中，$|Z| = \sqrt{R^2 + X^2} = \sqrt{R^2 + (X_L - X_C)^2}$ 为阻抗的模，称为阻抗模；$\varphi = \arctan \dfrac{X}{R} = \arctan \dfrac{X_L - X_C}{R}$ 为阻抗的辐角，称为阻抗角。

以上两式表明：阻抗模 $|Z|$ 及阻抗角 φ 的大小只与电路元件参数及频率有关，而与电压及电流无关。而由阻抗模 $|Z|$、R 及 X 可构成一个直角三角形，称为阻抗三角形，如图 3-39 所示，其中
$$R = |Z|\cos\varphi, X = |Z|\sin\varphi$$
将式（3-32）代入式（3-31）得
$$\dot{U} = \dot{I}Z = \dot{I}|Z| \angle \varphi \tag{3-33}$$
式（3-33）称为相量形式的欧姆定律，其相量模型如图 3-40 所示，电压、电流为关联参考方向。

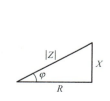

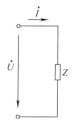

图 3-39　阻抗三角形　　　　　图 3-40　*RLC* 串联电路的相量模型

由式（3-33）可得

$$Z = \frac{\dot{U}}{\dot{I}} = \frac{U \angle \varphi_u}{I \angle \varphi_i} = \frac{U}{I} \angle (\varphi_u - \varphi_i) = |Z| \angle \varphi$$

可见阻抗模 $|Z|$ 等于电压的有效值与电流的有效值之比，阻抗角 φ 等于电压与电流的相位差角，即

$$|Z| = \frac{U}{I}, \quad \varphi = \varphi_u - \varphi_i$$

由此可见，阻抗 Z 决定了电压、电流的大小和相位间的关系，而阻抗 Z 又取决于电路元件参数及频率，所以频率一定的情况下，电路元件参数决定了正弦交流电路中电压与电流的大小和相位关系。

下面我们讨论电路元件参数对电路性质的影响：

1）当 $X_L > X_C$ 时，阻抗角 $\varphi = \arctan\dfrac{X_L - X_C}{R} > 0$，即电压 $\dot{U}$ 超前电流 $\dot{I}$ φ 角度，电路呈感性。

2）当 $X_L < X_C$ 时，阻抗角 $\varphi = \arctan\dfrac{X_L - X_C}{R} < 0$，即电压 $\dot{U}$ 滞后电流 $\dot{I}$ φ 角度，电路呈容性。

3）当 $X_L = X_C$ 时，阻抗角 $\varphi = \arctan\dfrac{X_L - X_C}{R} = 0$，即电压 $\dot{U}$ 与电流 $\dot{I}$ 同相，电路呈电阻性。

三种情况的相量图如图 3-41 所示。

由上面分析可知：$-90° < \varphi < 90°$，当电源频率不变时，改变电路元件参数 L 或 C 可以改变电路的性质；若电路元件参数不变，也可以改变电源频率达到改变电路性质的目的。

从图 3-41 的相量图还可看出，电阻电压 $\dot{U}_R$、电抗电压 $\dot{U}_X = \dot{U}_L + \dot{U}_C$ 和端电压 $\dot{U}$ 这三个相量可组成一个直角三角形，该三角形称为电压三角形，如图 3-42 所示。同一电路中，电压三角形与阻抗三角形是相似三角形。从电压三角形可得

$$U = \sqrt{U_R^2 + (U_L - U_C)^2} = \sqrt{U_R^2 + U_X^2} \tag{3-34}$$

其中

$$U_X = |U_L - U_C|$$
$$U_R = U\cos\varphi$$
$$U_X = U\sin\varphi$$

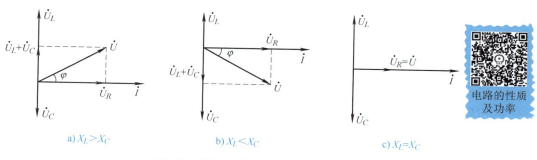

a) $X_L > X_C$ b) $X_L < X_C$ c) $X_L = X_C$

图 3-41 *RLC* 串联电路的相量图

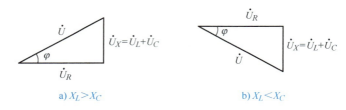

a) $X_L > X_C$ b) $X_L < X_C$

图 3-42　电压三角形

式（3-32）、式（3-33）适用于一般正弦交流电路的分析计算，例如：

1）*RL* 串联电路，阻抗 $Z = R + jX_L$，$\dot{U} = \dot{I} Z = \dot{I}(R + jX_L)$，如图 3-43a 所示。

2）*RC* 串联电路，阻抗 $Z = R - jX_C$，$\dot{U} = \dot{I} Z = \dot{I}(R - jX_C)$，如图 3-43b 所示。

3）*LC* 串联电路，阻抗 $Z = j(X_L - X_C)$，$\dot{U} = \dot{I} Z = \dot{I} j(X_L - X_C)$，如图 3-43c 所示。

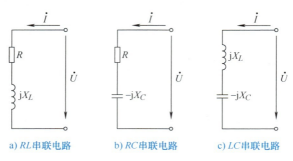

a) *RL* 串联电路   b) *RC* 串联电路   c) *LC* 串联电路

图 3-43　一般的交流电路

例 3-14　某 *RLC* 串联电路中，已知 $R = 3\Omega$，$X_L = 4\Omega$，$X_C = 7\Omega$，电路两端电压 $u = 30\sqrt{2}\sin(314t + 30°)$ V，试求电路的复阻抗、电路中的电流和各元件的电压，并判断电路的性质。

解　复阻抗

$$Z = R + j(X_L - X_C) = 3\Omega + j(4 - 7)\Omega = (3 - j3)\Omega = 3\sqrt{2}\angle{-45°}\ \Omega$$

电路两端电压

$$\dot{U} = 30\angle{30°}\ \text{V}$$

则

$$\dot{I} = \frac{\dot{U}}{Z} = \frac{30\angle{30°}}{3\sqrt{2}\angle{-45°}}\text{A} = 5\sqrt{2}\angle{75°}\ \text{A}$$

$$\dot{U}_R = R\dot{I} = 3 \times 5\sqrt{2}\angle{75°}\ \text{V} = 15\sqrt{2}\angle{75°}\ \text{V}$$

$$\dot{U}_L = jX_L\dot{I} = j \times 4 \times 5\sqrt{2}\angle{75°}\ \text{V} = 20\sqrt{2}\angle{165°}\ \text{V}$$

$$\dot{U}_C = -jX_C\dot{I} = -j \times 7 \times 5\sqrt{2}\angle{75°}\ \text{V} = 35\sqrt{2}\angle{-15°}\ \text{V}$$

$X_L < X_C$，电路呈容性。

例 3-15　*RC* 串联电路如图 3-44a 所示，已知输入电压 u_i 为正弦电压，$f = 1000\text{Hz}$，$C = 0.01\mu\text{F}$，欲使输出电压 u_o 较输入电压 u_i 的相位滞后 30°，试求电路的电阻 R。

解　以电流 $\dot{I}$ 为参考正弦相量，画出相量图如图 3-44b 所示。

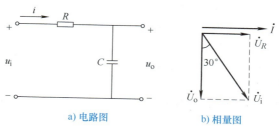

a) 电路图   b) 相量图

图 3-44 例 3-15 图

输出电压 $\dot{U}_o$（$\dot{U}_C$）与输入电压 $\dot{U}_i$ 的夹角为 $30°$，则 $\dot{U}_i$ 与 $\dot{I}$ 的相位差为 $-60°$，而

$$\tan(-60°) = \frac{-X_C}{R}$$

所以

$$R = \frac{-X_C}{\tan(-60°)} = -\frac{1}{2\pi f C \tan(-60°)}$$

$$= -\frac{1}{2 \times 3.14 \times 1000 \times 0.01 \times 10^{-6} \times (-\sqrt{3})}\Omega = 9.2k\Omega$$

3.7.2 功率及功率因数的提高

在 RLC 串联电路中，既有耗能元件 R，又有储能元件 L、C，所以在电路中既有能量的消耗，又有能量的转换，或者说电路中既有有功功率，又有无功功率。

1. 有功功率

RLC 串联电路的有功功率为电阻元件所消耗，其值为

$$P = U_R I = I^2 R \tag{3-35}$$

由电压三角形得

$$U_R = U\cos\varphi$$

则

$$P = UI\cos\varphi \tag{3-36}$$

2. 无功功率

RLC 串联电路的无功功率为电感、电容元件所消耗，其值为

$$Q = I^2 X = U_X I = U_L I - U_C I = Q_L - Q_C \tag{3-37}$$

由电压三角形得

$$U_X = U\sin\varphi$$

则

$$Q = UI\sin\varphi \tag{3-38}$$

3. 视在功率

通常电气设备的容量是由它们的额定电压和额定电流来决定的。因此，用电路端电压有效值 U 和电流有效值 I 的乘积 UI 表征设备的容量或电路的总功率，称为该电路的视在功率，用符号 S 来表示，即

$$S = UI \tag{3-39}$$

视在功率单位为伏安（V·A），工程上也常用千伏安（kV·A）。

由 $S = UI$、$P = UI\cos\varphi$ 和 $Q = UI\sin\varphi$ 可得

$$P^2 + Q^2 = (UI\cos\varphi)^2 + (UI\sin\varphi)^2 = (UI)^2 = S^2$$

即

$$S = \sqrt{P^2 + Q^2} \tag{3-40}$$

式（3-40）为视在功率、有功功率和无功功率之间的关系式，由此可知，S、P、Q 也构成一

个直角三角形，如图 3-45 所示，此三角形称为功率三角形。在同一电路中，功率三角形与阻抗三角形、电压三角形为相似三角形。

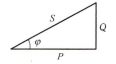

图 3-45　功率三角形

由此可见，在同一电路中，频率一定的情况下，一旦电路元件参数确定，电路阻抗 Z，电路的性质，电路的电压、电流大小、相位关系和功率的分配也随之确定。

例 3-16　某 RL 串联电路，已知电源电压 $U = 220\text{V}$，电阻 $R = 10\Omega$，感抗 $X_L = 10\Omega$。试求电路的 P、Q、S 及 $\cos\varphi$。

解　据题意 $Z = 10\Omega + \mathrm{j}10\Omega = 10\sqrt{2}\underline{/45°}\ \Omega$

所以

$$I = \frac{U}{|Z|} = \frac{220}{10\sqrt{2}}\text{A} = 11\sqrt{2}\,\text{A}$$

$$P = UI\cos\varphi = 220 \times 11\sqrt{2} \times \cos 45°\text{W} = 2420\text{W}$$

$$Q = UI\sin\varphi = 220 \times 11\sqrt{2} \times \sin 45°\text{var} = 2420\text{var}$$

$$S = UI = 220 \times 11\sqrt{2}\,\text{V}\cdot\text{A} = 2420\sqrt{2}\,\text{V}\cdot\text{A}$$

4. 功率因数及提高方法

（1）功率因数　由图 3-45 所示的功率三角形可知

$$\cos\varphi = \frac{P}{S} \tag{3-41}$$

式中，$\cos\varphi$ 称为功率因数，用 λ 表示，即 $\lambda = \cos\varphi$，而 φ 称为功率因数角。功率因数表征了电能的利用率，当视在功率一定时，功率因数越大，用电设备的有功功率越大，无功功率越小，电能利用率越高。

如何减少无功功率、提高有功功率是一个很具有实际意义的问题。要提高有功功率，则需提高功率因数；要提高功率因数，则需减小功率因数角。而在同一电路中，功率因数角 = 电压与电流的相位差 = 阻抗角，减小功率因数角（即阻抗角）就需改变电路元件参数。

（2）提高功率因数的一般方法　实际应用中，功率因数不高的原因，主要是由于大量感性负载的存在。工业生产中广泛使用的三相异步电动机、变压器就相当于感性负载。解决功率因数不高的关键就在于既要减少电源与负载之间的能量交换，又可使感性负载取得所需的无功功率。

提高功率因数的基本思想是在保证负载获得的有功功率不变的前提下，减少其无功功率。日常提高功率因数的方法就是在感性负载的两端并联适当大小的电容器（在电路中增加容性负载），其电路原理图和相量图如图 3-46 所示。

设有一感性负载，其端电压为 $\dot{U}$，功率为 P，功率因数为 $\cos\varphi_1$。为了使功率因数提高到 $\cos\varphi$，现并联电容器 C，分析如下：

电路并联电容器前，线路总电流 $\dot{I} = \dot{I}_1$；电路并联电容器后，线路总电

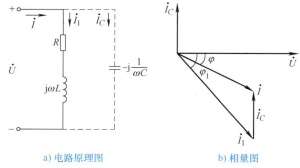

a) 电路原理图　　　　b) 相量图

图 3-46　提高功率因数

流 $\dot{I} = \dot{I}_1 + \dot{I}_C$。由相量图可知，电路的 $\dot{U}$ 不变，$\dot{I}_1$ 不变，总的有功功率不变，而并联电容器前的线路总电流有效值大于并联电容器后的，$\varphi < \varphi_1$，$\cos\varphi > \cos\varphi_1$，功率因数提高了。并联电容器以后，并不影响原负载的工作状态。由于电容电流补偿了负载中的无功电流，使总电流减小，电路的总功率因数提高了。

由此可推导所需并联电容器容量 C 的计算公式：

因为
$$P = UI\cos\varphi = UI_1\cos\varphi_1$$

则流过电容的电流
$$I_C = I_1\sin\varphi_1 - I\sin\varphi = \left(\frac{P}{U\cos\varphi_1}\right)\sin\varphi_1 - \left(\frac{P}{U\cos\varphi}\right)\sin\varphi = \frac{P}{U}(\tan\varphi_1 - \tan\varphi)$$

又因
$$I_C = U\omega C$$

所以
$$C = \frac{P}{\omega U^2}(\tan\varphi_1 - \tan\varphi) \tag{3-42}$$

例 3-17 一个感性负载的有功功率 $P = 10\text{kW}$，功率因数为 $\cos\varphi_1 = 0.6$，将其接到 220V、50Hz 的正弦电源上。为了提高功率因数，在负载两端并联一个电容器。试求：

（1）要使电路的功率因数提高到 $\cos\varphi = 0.9$，需并联多大的电容器？

（2）电容器并联前后线路的电流大小各是多少？

解 （1）由 $\cos\varphi_1 = 0.6$ 可得 $\varphi_1 = 53°$，而由 $\cos\varphi = 0.9$ 可得 $\varphi = 26°$。所以需并联的电容器容量
$$C = \frac{P}{\omega U^2}(\tan\varphi_1 - \tan\varphi) = \frac{10 \times 10^3}{2\pi \times 50 \times 220^2}(\tan 53° - \tan 26°)\text{F} = 552\mu\text{F}$$

（2）电容器并联前，线路的电流为
$$I_1 = \frac{P}{U\cos\varphi_1} = \frac{10 \times 10^3}{220 \times 0.6}\text{A} = 75.8\text{A}$$

电容器并联后，线路的电流为
$$I = \frac{P}{U\cos\varphi} = \frac{10 \times 10^3}{220 \times 0.9}\text{A} = 50.5\text{A}$$

3.8 多阻抗的串、并联电路

在正弦交流电路中，多个阻抗的串、并联电路的计算公式在形式上与直流电路中电阻串、并联的相应公式相似，因此多阻抗混联电路的分析方法可参照直流电阻电路的分析方法进行。

3.8.1 多阻抗串联

多阻抗串联电路如图 3-47 所示，根据相量形式的 KVL 可得

$$\dot{U} = \dot{U}_1 + \dot{U}_2 + \dot{U}_3 = (Z_1 + Z_2 + Z_3)\dot{I} = Z\dot{I}$$

即
$$Z = Z_1 + Z_2 + Z_3 \tag{3-43}$$

Z 为多阻抗串联电路的等效阻抗，它等于各阻

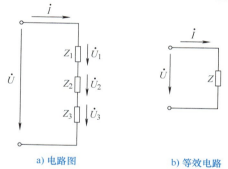

a) 电路图　　　　　b) 等效电路

图 3-47 多阻抗串联

抗之和。

若 $\qquad Z_1 = R_1 + jX_1$，$Z_2 = R_2 + jX_2$，$Z_3 = R_3 + jX_3$

则 $\qquad Z = (R_1 + R_2 + R_3) + j(X_1 + X_2 + X_3) = R + jX$

式中 $\qquad R = R_1 + R_2 + R_3$，$X = X_1 + X_2 + X_3$

因此，串联阻抗的等效电阻等于各阻抗的电阻之和，等效电抗等于各阻抗的电抗代数和。

故等效阻抗模为 $\qquad |Z| = \sqrt{R^2 + X^2}$

等效阻抗角为 $\qquad \varphi = \arctan \dfrac{X}{R}$

多阻抗串联时，流过同一电流，阻抗大的电压大，相应的分压公式为

$$\dot{U}_1 = \frac{Z_1}{Z} \dot{U}，\quad \dot{U}_2 = \frac{Z_2}{Z} \dot{U}，\quad \dot{U}_3 = \frac{Z_3}{Z} \dot{U}$$

其公式与直流电路相似，所不同的是电压、电流均为相量，Z 为复数。

例 3-18 已知两个阻抗 $Z_1 = (3 + j4)\,\Omega$、$Z_2 = (8 - j6)\,\Omega$ 串联接在 $\dot{U} = 220 \angle 60°$ V 的电源上，试求电路的等效阻抗 Z、电流 $\dot{I}$ 和各阻抗上的电压 $\dot{U}_1$、$\dot{U}_2$。

解 阻抗 $Z = Z_1 + Z_2 = (3 + j4)\,\Omega + (8 - j6)\,\Omega = (11 - j2)\,\Omega = 11.2 \angle -10.3° \,\Omega$

$$\dot{I} = \frac{\dot{U}}{Z} = \frac{220 \angle 60°}{11.2 \angle -10.3°} A = 19.64 \angle 70.3° \, A$$

$$\dot{U}_1 = \dot{I} Z_1 = 19.64 \angle 70.3° \times (3 + j4) V = 19.64 \angle 70.3° \times 5 \angle 53.13° \, V = 98.2 \angle 123.43° \, V$$

$$\dot{U}_2 = \dot{I} Z_2 = 19.64 \angle 70.3° \times (8 - j6) V = 19.64 \angle 70.3° \times 10 \angle -36.87° \, V = 196.4 \angle 33.43° \, V$$

3.8.2 多阻抗并联

多阻抗并联电路如图 3-48 所示，根据相量形式的 KCL 得

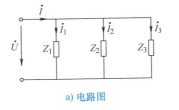
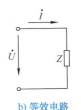

$$\dot{I} = \dot{I}_1 + \dot{I}_2 + \dot{I}_3 = \left(\frac{1}{Z_1} + \frac{1}{Z_2} + \frac{1}{Z_3} \right) \dot{U} = \frac{\dot{U}}{Z}$$

即 $\qquad \dfrac{1}{Z} = \dfrac{1}{Z_1} + \dfrac{1}{Z_2} + \dfrac{1}{Z_3} \qquad\qquad (3\text{-}44)$

a) 电路图 　　　 b) 等效电路

图 3-48　多阻抗并联

Z 为多阻抗并联电路的等效阻抗，其倒数等于各阻抗的倒数之和。

若是两个阻抗并联，其等效阻抗也可用下式计算：

$$Z = \frac{Z_1 Z_2}{Z_1 + Z_2} \qquad\qquad (3\text{-}45)$$

两个阻抗并联，端电压相同，阻抗小的电流大，相应的分流公式为

$$\dot{I}_1 = \frac{Z_2}{Z_1 + Z_2} \dot{I} \qquad\qquad (3\text{-}46)$$

$$\dot{I}_2 = \frac{Z_1}{Z_1 + Z_2} \dot{I} \qquad\qquad (3\text{-}47)$$

在多阻抗并联电路的分析计算中，当并联阻抗为三个以上时，用上述方法分析并不方便。

为方便分析计算，引入了复导纳这一概念。复导纳就是复阻抗的倒数，用 Y 表示，即

$$Y = \frac{1}{Z} \tag{3-48}$$

复导纳的单位为西门子，简称西（S）。

因为

$$Z = R + jX = |Z| \angle \varphi$$

所以

$$Y = \frac{1}{R + jX} = \frac{R - jX}{R^2 + X^2} = \frac{R}{|Z|^2} + j\frac{-X}{|Z|^2} = G + jB \tag{3-49}$$

式中，复导纳的实部 $G = \dfrac{R}{|Z|^2}$ 称为电导，虚部 $B = \dfrac{-X}{|Z|^2}$ 称为电纳，它们的单位均为西门子（S）。

复导纳的极坐标式为

$$Y = G + jB = \frac{1}{|Z| \angle \varphi} = \frac{1}{|Z|} \angle -\varphi = |Y| \angle \varphi' \tag{3-50}$$

式中，复导纳的模 $|Y| = \sqrt{G^2 + B^2} = \dfrac{1}{|Z|}$ 称为导纳模，单位为西门子，简称西（S）；辐角 $\varphi' = \arctan \dfrac{B}{G} = -\varphi$ 称为导纳角。

由此，对应的相量关系式 $\dot{U} = Z\dot{I}$ 可变换为

$$\dot{I} = Y\dot{U} \tag{3-51}$$

图 3-48 所示的多阻抗并联电路，若都用导纳来表示，可转换为图 3-49 所示电路。

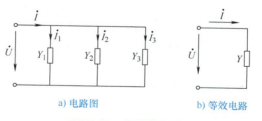

a) 电路图　　　　　　　　b) 等效电路

图 3-49　多导纳并联

相应的电路电压与电流关系为

$$\dot{I} = \dot{I}_1 + \dot{I}_2 + \dot{I}_3 = (Y_1 + Y_2 + Y_3)\dot{U} = \dot{U}Y$$

其中

$$Y = Y_1 + Y_2 + Y_3 \tag{3-52}$$

也就是说，多导纳并联时，等效导纳等于各导纳之和。

例 3-19　已知两个阻抗 $Z_1 = (3 - j4)\,\Omega$、$Z_2 = (8 + j6)\,\Omega$ 并联接在 $\dot{U} = 220\angle 0°$ V 的电源上，试求电路的总电流 $\dot{I}$ 和各阻抗的电流 $\dot{I}_1$、$\dot{I}_2$。

解法一　（阻抗法）

$$Z_1 = (3 - j4)\,\Omega = 5\angle -53.13°\ \Omega$$
$$Z_2 = (8 + j6)\,\Omega = 10\angle 36.87°\ \Omega$$

总复阻抗
$$\frac{1}{Z} = \frac{1}{Z_1} + \frac{1}{Z_2}$$

$$Z = \frac{Z_1 Z_2}{Z_1 + Z_2} = \frac{5 \angle -53.13° \times 10 \angle 36.87°}{3 - j4 + 8 + j6} \Omega = \frac{50 \angle -16.26°}{11 + j2} \Omega$$

$$= \frac{50 \angle -16.26°}{11.18 \angle 10.3°} \Omega = 4.472 \angle -26.56° \ \Omega$$

则

$$\dot{I} = \frac{\dot{U}}{Z} = \frac{220 \angle 0°}{4.472 \angle -26.56°} A = 49.19 \angle 26.56° \ A$$

$$\dot{I}_1 = \frac{\dot{U}}{Z_1} = \frac{220 \angle 0°}{5 \angle -53.13°} A = 44 \angle 53.13° \ A$$

$$\dot{I}_2 = \frac{\dot{U}}{Z_2} = \frac{220 \angle 0°}{10 \angle 36.87°} A = 22 \angle -36.87° \ A$$

解法二 （导纳法）

$$Y_1 = \frac{1}{Z_1} = \frac{1}{5 \angle -53.13°} S = 0.2 \angle 53.13° \ S$$

$$Y_2 = \frac{1}{Z_2} = \frac{1}{10 \angle 36.87°} S = 0.1 \angle -36.87° \ S$$

总复阻抗
$$Y = Y_1 + Y_2 = 0.2 \angle 53.13° \ S + 0.1 \angle -36.87° \ S$$

$$= (0.12 + j0.16) S + (0.08 - j0.06) S = (0.2 + j0.1) S$$

$$= 0.2236 \angle 26.56° \ S$$

则

$$\dot{I} = \dot{U} Y = 220 \angle 0° \times 0.2236 \angle 26.56° \ A = 49.19 \angle 26.56° \ A$$

$$\dot{I}_1 = \dot{U} Y_1 = 220 \angle 0° \times 0.2 \angle 53.13° \ A = 44 \angle 53.13° \ A$$

$$\dot{I}_2 = \dot{U} Y_2 = 220 \angle 0° \times 0.1 \angle -36.87° \ A = 22 \angle -36.87° \ A$$

从以上例子可以看出，阻抗串、并联交流电路的计算同电阻串、并联直流电路的计算方法相同，所不同的是电阻用阻抗来代替，电压、电流用相量代替，且计算比较复杂。

3.9　谐振电路

谐振电路在电子技术中应用十分广泛。所谓谐振电路，是指在含有储能元件（L、C）的交流电路中，电路两端的电压与流过的电流同相，具有电阻性电路特性的电路。按实际电感线圈与电容器的连接方式不同，谐振电路可分为串联谐振电路和并联谐振电路。

研究谐振的目的是认识这种客观现象，并在生产上充分利用谐振的特征，同时又要预防它所产生的危害。

3.9.1　串联谐振

1. 发生串联谐振的条件

实际电感线圈和电容器的串联电路如图 3-50 所示。

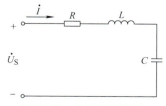

图 3-50　串联谐振电路

电路的等效复阻抗为

$$Z = \frac{\dot{U}_S}{\dot{I}} = R + \mathrm{j}(X_L - X_C) = R + \mathrm{j}\left(\omega L - \frac{1}{\omega C}\right) = |Z| \angle \varphi \qquad (3\text{-}53)$$

式中

$$|Z| = \sqrt{R^2 + \left(\omega L - \frac{1}{\omega C}\right)^2}$$

$$\varphi = \arctan \frac{\omega L - \dfrac{1}{\omega C}}{R}$$

当 $\omega L = \dfrac{1}{\omega C}$ 时，$Z = \dfrac{\dot{U}_S}{\dot{I}} = R$，电源电压 $\dot{U}_S$ 与电流 $\dot{I}$ 同相，电路呈纯电阻性，发生谐振。

由 $\omega L = \dfrac{1}{\omega C}$ 可得电路谐振角频率为

$$\omega_0 = \frac{1}{\sqrt{LC}} \qquad (3\text{-}54)$$

谐振频率为

$$f_0 = \frac{1}{2\pi\sqrt{LC}} \qquad (3\text{-}55)$$

由式(3-54)、式(3-55) 可知，电路的谐振频率是电路本身所固有的，仅取决于电路本身的参数 L 和 C，与电源电流、电压无关。

当电源频率等于电路谐振频率时，电路就发生谐振。当电源频率固定时，也可以通过改变电路元件参数（L 或 C）使电路发生谐振。调节 L 或 C 使电路发生谐振的过程称为调谐。

2. 串联谐振的特征

（1）发生串联谐振时的阻抗　发生串联谐振时 $\omega L - \dfrac{1}{\omega C} = 0$，电路的复阻抗为

$$Z = Z_0 = R + \mathrm{j}\left(\omega L - \frac{1}{\omega C}\right) = R \qquad (3\text{-}56)$$

所以发生串联谐振时，电路的阻抗最小且为纯电阻。

发生串联谐振时，感抗和容抗分别为

$$X_{L0} = \omega_0 L = \frac{1}{\sqrt{LC}}L = \sqrt{\frac{L}{C}} = \rho$$

$$X_{C0} = \frac{1}{\omega_0 C} = \sqrt{LC}\frac{1}{C} = \sqrt{\frac{L}{C}} = \rho$$

即

$$\omega_0 L = \frac{1}{\omega_0 C} = \sqrt{\frac{L}{C}} = \rho \qquad (3\text{-}57)$$

发生串联谐振时的感抗等于容抗，称为电路的特性阻抗，用 ρ 来表示，单位为 Ω，ρ 的大小仅由 L 和 C 决定。

（2）发生串联谐振时的电流　发生串联谐振时，阻抗为纯电阻且最小，所以电路中的电流 I_0 与电源电压同相并且为最大值。

$$I_0 = \frac{U_S}{Z_0} = \frac{U_S}{R} \qquad (3\text{-}58)$$

（3）发生串联谐振时的电压　发生串联谐振时，电感元件和电容元件上的电压分别为

$$U_{L0} = I_0 X_L = \frac{U_s}{R}\omega_0 L = \frac{\omega_0 L}{R}U_s = \frac{\rho}{R}U_s = QU_s$$

$$U_{C0} = I_0 X_C = \frac{U_s}{R}\frac{1}{\omega_0 C} = \frac{\frac{1}{\omega_0 C}}{R}U_s = \frac{\rho}{R}U_s = QU_s$$

其中
$$Q = \frac{\omega_0 L}{R} = \frac{1}{\omega_0 CR} = \frac{\rho}{R} \tag{3-59}$$

Q 称为电路的品质因数，是反映电路选择性的一个参数，在实际应用中的取值范围为几十～几百。谐振时，电感电压和电容电压大小相等、相位相反，其大小为电源电压的 Q 倍，所以串联谐振又被称为电压谐振。

谐振时的电阻电压为

$$U_{R0} = I_0 R = \frac{U_s}{R}R = U_s$$

即电阻上的电压等于电源电压。

串联谐振时电压和电流的相量图如图 3-51 所示。

（4）发生串联谐振时的功率　发生串联谐振时 $\varphi = 0$，所以电路的无功功率为 0，即

$$Q = Q_L - Q_C = U_s I \sin\varphi = 0$$

电感和电容之间进行能量的相互交换，而与电源之间无能量交换，电源只向电阻提供有功功率 P。

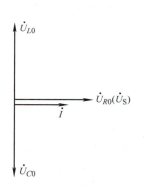

图 3-51　串联谐振时的电压和电流相量图

3. 串联谐振的选频特性及应用

（1）选频特性　在交流电路中，电路参数一定时，若电源（或信号源）的频率改变，相应的阻抗、导纳、阻抗角也随之变化，而使电路中各元件电流和电压（响应）的大小和相位也随之改变。这种电路物理量随频率变化的关系称为频率特性，其中物理量大小随频率变化的关系称为幅频特性，如图 3-52、图 3-53 所示；物理量相位随频率变化的关系称为相频特性。

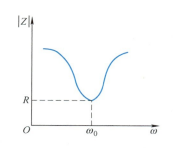

图 3-52　串联谐振电路复阻抗的幅频特性曲线

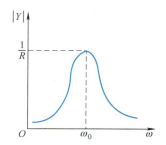

图 3-53　串联谐振电路复导纳的幅频特性曲线

图 3-50 所示串联谐振电路中，$U_s = I|Z|$，而 $|Y| = \frac{1}{|Z|}$，$I = U_s|Y|$。若电源电压 U_s 恒定，但 ω 变化，$|Y|$ 随之变化，I 与 $|Y|$ 成正比，由复导纳的幅频特性曲线可画出回路电流 I

的谐振曲线，如图 3-54 所示。

分析图 3-54 所示曲线可知，在 $\omega = \omega_0$ 时，回路中的电流最大，若 ω 偏离 ω_0，电流将减小，偏离越多，减小越多，即远离 ω_0 的频率，回路产生的电流很小。这说明串联谐振电路具有选择所需频率信号的能力（即选频特性），选出 ω_0 点附近的信号，同时对远离 ω_0 点的信号进行抑制。

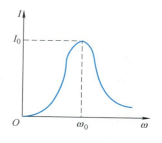

图 3-54　电流谐振曲线

串联谐振电路的选择性与电路的品质因数 Q 有关，Q 值越大，电流谐振曲线越尖锐，选择性越好，即选用较高 Q 值的串联谐振电路有利于从众多信号中选择所需频率信号，抑制其他信号的干扰。

实际信号都具有一定的频率范围，例如无线电调幅广播电台信号的频带宽度为 9kHz，调频广播电台信号的频带宽度为 200 kHz。当具有一定频率范围的信号通过串联谐振电路时，要求各频率成分的电压在回路中产生的电流尽量保持原来的比例，以减少失真。因此，在实际应用中把电流谐振曲线上 $I \geqslant \dfrac{1}{\sqrt{2}} I_0$ 所对应的频率范围称为该回路的通频带，用 BW 来表示，如图 3-55 所示，图中 f_2 和 f_1 分别为通频带的上下边界频率。

$$BW = f_2 - f_1 \tag{3-60}$$

若选择回路的通频带大于或等于信号的频带，使信号频带落在通频带的范围之内，那么信号通过回路后产生的失真是允许的。

在实际应用中，通频带 BW 与品质因数 Q 值成反比，Q 值越大，谐振曲线越尖锐，通频带越窄，回路的选择性越好；反之，Q 值越小，曲线越平坦，通频带越宽，选择性越差。在电路应用时，应根据需要兼顾 BW 和 Q 的取值。

（2）应用　在实际电路中可以利用串联谐振电路作为选频电路，例如收音机中接收电台信号的调谐电路，就是利用串联谐振的原理。

收音机通过接收天线，接收到各种频率的电磁波，每一种频率的电磁波都要在天线回路中产生相应的微弱感应电流。为了达到选择信号的目的，通常在收音机里采用图 3-56 所示的谐振电路作为调谐回路，把调谐回路中的电容 C 调节到某一值，电路就具有一个固有的谐振频率 f_0。如果这时某电台的电磁波的频率正好等于调谐回路的固有谐振频率，就能收听该电台的广播节目，而其他频率的信号则被抑制掉，这样就实现了选择电台信号的目的。

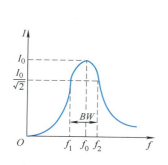

图 3-55　串联谐振电路的谐振曲线及通频带

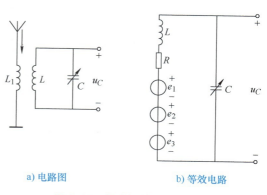

a) 电路图　　　　　b) 等效电路

图 3-56　收音机接收调谐回路

3.9.2 并联谐振

信号源的内阻较大时，如应用串联谐振电路，则电路的品质因数较小，选择性差。对高内阻的信号源，需采用并联谐振电路。

1. 发生并联谐振的条件

实际并联谐振电路由实际电感线圈（有内阻）和电容器构成，如图 3-57 所示。

电路的等效复阻抗为

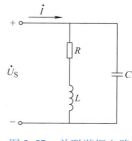

图 3-57 并联谐振电路

$$Z = \frac{(R + j\omega L)\left(-j\dfrac{1}{\omega C}\right)}{R + j\left(\omega L - \dfrac{1}{\omega C}\right)} = \frac{(R + j\omega L)\left(\dfrac{1}{j\omega C}\right)}{R + j\omega L + \dfrac{1}{j\omega C}} = \frac{R + j\omega L}{1 + j\omega RC - \omega^2 LC}$$

通常电感线圈的电阻较小，一般在谐振时 $\omega_0 L \gg R$，所以有

$$Z \approx \frac{j\omega L}{1 + j\omega RC - \omega^2 LC} = \frac{1}{\dfrac{RC}{L} + j\left(\omega C - \dfrac{1}{\omega L}\right)} \qquad (3\text{-}61)$$

当 $\omega C = \dfrac{1}{\omega L}$ 时，$Z = \dfrac{\dot{U}_S}{\dot{I}} = \dfrac{L}{RC}$，电源电压 $\dot{U}_S$ 与电流 $\dot{I}$ 同相，电路呈纯电阻性，发生谐振。

由 $\omega C = \dfrac{1}{\omega L}$ 可得电路的谐振角频率为

$$\omega_0 = \frac{1}{\sqrt{LC}} \qquad (3\text{-}62)$$

谐振频率为

$$f_0 = \frac{1}{2\pi \sqrt{LC}} \qquad (3\text{-}63)$$

由式（3-62）、式（3-63）可知，电路的谐振频率是电路本身所固有的，仅取决于电路本身的参数 L 和 C，与电源电流、电压无关。

当电源频率等于电路谐振频率时，电路就发生谐振。当电源频率固定时，也可以通过改变电路元件参数（L 或 C）使电路达到谐振。

2. 并联谐振的特征

（1）发生并联谐振时的阻抗 发生并联谐振时 $\omega C - \dfrac{1}{\omega L} = 0$，电路的复阻抗为

$$Z = Z_0 = \frac{L}{RC} \qquad (3\text{-}64)$$

所以发生并联谐振时，电路的阻抗最大且为纯电阻。

发生并联谐振时，感抗和容抗分别为

$$X_{L0} = \omega_0 L = \frac{1}{\sqrt{LC}} L = \sqrt{\frac{L}{C}} = \rho$$

$$X_{C0} = \frac{1}{\omega_0 C} = \sqrt{LC} \frac{1}{C} = \sqrt{\frac{L}{C}} = \rho$$

$$\omega_0 L = \frac{1}{\omega_0 C} = \sqrt{\frac{L}{C}} = \rho \qquad (3\text{-}65)$$

谐振时的感抗等于容抗，称为电路的特性阻抗，用 ρ 来表示，单位为 Ω，ρ 的大小仅由 L 和 C 决定。

（2）发生并联谐振时的电流　发生并联谐振时，阻抗为纯电阻且最大，所以电路的总电流 I_0 与电源电压同相并且为最小值。

$$I_0 = \frac{U_s}{Z_0} = \frac{RC}{L} U_s \qquad (3\text{-}66)$$

由式（3-66）可得

$$U_s = \frac{L}{RC} I_0$$

所以电容所在支路的电流为

$$I_{C0} = \frac{U_s}{X_{C0}} = \frac{U_s}{\dfrac{1}{\omega_0 C}} = \omega_0 C U_s = \omega_0 C \frac{L}{RC} I_0 = \frac{\omega_0 L}{R} I_0 = \frac{\rho}{R} I_0 = Q I_0$$

电感所在支路的电流为

$$I_{L0} = \frac{U_s}{\sqrt{R^2 + X_{L0}^2}} = \frac{U_s}{\sqrt{R^2 + (\omega_0 L)^2}} \approx \frac{U_s}{\omega_0 L} = \frac{1}{\omega_0 LRC} I_0 = \frac{1}{\omega_0 CR} I_0 = \frac{\rho}{R} I_0 = Q I_0$$

注意： 电感线圈的电阻 R 较小，忽略不计。

其中

$$Q = \frac{\omega_0 L}{R} = \frac{1}{\omega_0 CR} = \frac{\rho}{R} \qquad (3\text{-}67)$$

Q 称为电路的品质因数，是反映电路选择性的一个参数，在实际应用中的取值范围为几十~几百。谐振时，电感所在支路的电流和电容所在支路的电流大小近似相等，相位近似相反，其大小为电路总电流的 Q 倍，所以并联谐振又被称为<u>电流谐振</u>。

并联谐振时电压和电流的相量图如图 3-58 所示，电感线圈所在支路的电流在虚轴上的分量与电容所在支路电流抵消，在实轴上的分量为总电流。

（3）发生并联谐振时的功率　发生并联谐振时 $\varphi = 0$，所以电路的无功功率为 0，即

$$Q = Q_L - Q_C = U_s I \sin\varphi = 0$$

电感和电容之间进行能量的相互交换，而与电源之间无能量交换，电源只向电阻提供有功功率 P。

3. 并联谐振的选频特性及应用

与串联谐振电路相同，并联谐振电路的阻抗、导纳、阻抗角均随电源频率变化而变化。阻抗模 $|Z|$ 随频率变化的曲线（即幅频特性曲线）如图 3-59 所示。

图 3-60 所示为由电流源 I_s 供电的并联谐振电路，若 I_s 恒定，而 ω 变化，因为 $U = I_s |Z|$，所以可得并联谐振电路的电压谐振曲线，如图 3-61 所示。

图 3-58　并联谐振时电压和电流的相量图

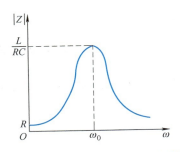

图 3-59 并联谐振电路复阻抗的幅频特性曲线

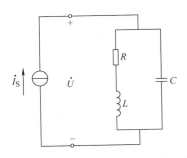

图 3-60 电流源作用下的并联谐振回路

分析图 3-61 曲线可知，在 $\omega = \omega_0$ 时，电路的端电压最大，若 ω 偏离 ω_0，电压将减小，偏离越多，减小越多，即远离 ω_0 的频率，电路的端电压很小。这说明并联谐振电路具有选择所需频率信号的能力（即选频特性），选出 ω_0 点附近的信号，同时对远离 ω_0 点的信号进行抑制。

并联谐振电路的选择性与电路的品质因数 Q 有关，Q 值越大，电压谐振曲线越尖锐，选择性越好，即选用较高 Q 值的并联谐振电路有利于从众多的信号中选择所需频率信号，抑制其他信号的干扰。但并联谐振电路同样存在通频带与选择性的矛盾，实际电路中应根据需要选取参数。

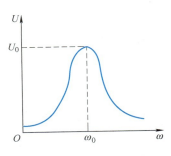

图 3-61 电压谐振曲线

在无线电工程和工业电子技术中也常用并联谐振，利用并联谐振时阻抗大的特点来选择信号或消除干扰，例如中频放大器的选频电路、振荡电路的选频网络都是用的并联谐振电路。

谐振电路在信号的产生、发送和接收环节有着广泛的应用。串联谐振电路和并联谐振电路特点不同，应用也相应不同，图 3-62 所示为七管超外差半导体收音机电路原理图。

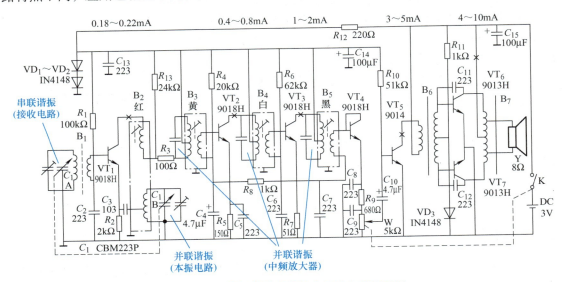

图 3-62 七管超外差半导体收音机电路原理图

本项目思维导图

单相正弦交流电路分析

正弦量

① **定义**：大小和方向均随时间按正弦规律变化的电压或电流

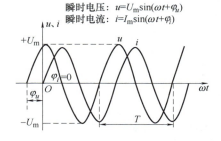

瞬时电压：$u=U_m\sin(\omega t+\varphi_u)$
瞬时电流：$i=I_m\sin(\omega t+\varphi_i)$

② **正弦量三要素** 正弦量三要素：幅值$U_m(I_m)$、角频率ω、初相位φ

$$u=\underset{\text{幅值}}{U_m}\sin(\underset{\text{角频率}}{\omega t}+\underset{\text{初相位}}{\varphi_u})$$
$$i=I_m\sin(\omega t+\varphi_u)$$

- 角频率：表征正弦量变化的快慢
- 初相位：表征正弦量计时起点的状态
- 幅值：表征正弦量变化的大小

- (1) 幅值、有效值
  - 幅值(U_m、I_m)：正弦量瞬时值中的最大值
  - 有效值(U、I)：代表正弦量在功能转换方面的实际效果
  - 两者之间的关系：$U=\dfrac{U_m}{\sqrt{2}}\approx0.707U_m$，$I=\dfrac{I_m}{\sqrt{2}}\approx0.707I_m$

- (2) 周期、频率、角频率
  - 周期(T)：正弦量变化一周所需要的时间。单位：秒(s)
  - 频率(f)：单位时间内正弦量变化的次数。单位：赫兹(Hz)
  - 角频率(ω)：正弦量变化一周所经历的电角度。单位：弧度/秒(rad/s)
  - 三者之间的关系：$f=\dfrac{1}{T}$，$\omega=\dfrac{2\pi}{T}=2\pi f$

- (3) 初相位、相位差
  - 相位角($\omega t+\varphi$)：表征正弦量变化的进程
  - 初相位(φ)：当$t=0$时的相位角
  - 相位差：两个同频率的正弦量的相位之差。以u、i为例：$\varphi=\varphi_u-\varphi_i$
    - $\varphi>0$：u超前$i\varphi$角度
    - $\varphi<0$：u滞后$i\varphi$角度
    - $\varphi=0$：u与i同相
    - $\varphi=\pi$：u与i反相

- 总结：同一电路中，频率处处相同，决定正弦量变化规律(大小和方向)的是大小(有效值)和相位

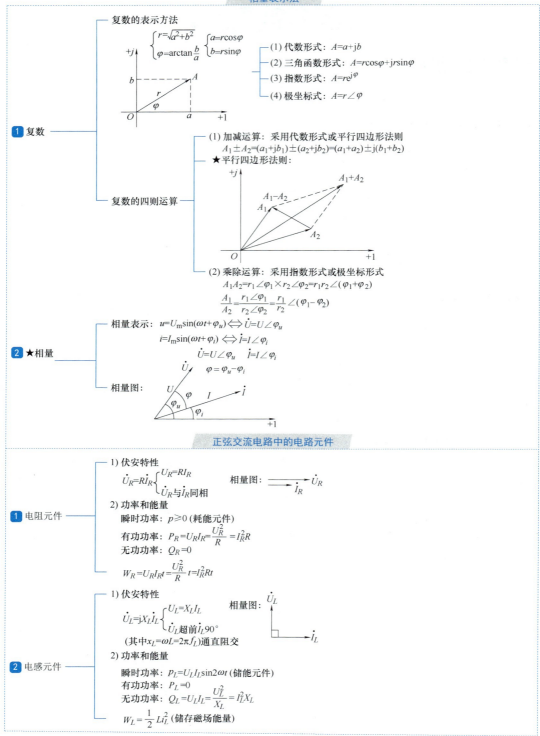

1 复数

复数的表示方法

$\begin{cases} r=\sqrt{a^2+b^2} \\ \varphi=\arctan\dfrac{b}{a} \end{cases}$ $\begin{cases} a=r\cos\varphi \\ b=r\sin\varphi \end{cases}$

(1) 代数形式：$A=a+\mathrm{j}b$

(2) 三角函数形式：$A=r\cos\varphi+\mathrm{j}r\sin\varphi$

(3) 指数形式：$A=r\mathrm{e}^{\mathrm{j}\varphi}$

(4) 极坐标式：$A=r\angle\varphi$

复数的四则运算

(1) 加减运算：采用代数形式或平行四边形法则
$$A_1\pm A_2=(a_1+\mathrm{j}b_1)\pm(a_2+\mathrm{j}b_2)=(a_1+a_2)\pm\mathrm{j}(b_1+b_2)$$
★平行四边形法则：

(2) 乘除运算：采用指数形式或极坐标形式
$$A_1A_2=r_1\angle\varphi_1\times r_2\angle\varphi_2=r_1r_2\angle(\varphi_1+\varphi_2)$$
$$\frac{A_1}{A_2}=\frac{r_1\angle\varphi_1}{r_2\angle\varphi_2}=\frac{r_1}{r_2}\angle(\varphi_1-\varphi_2)$$

2 ★相量

相量表示：$u=U_\mathrm{m}\sin(\omega t+\varphi_u)\Longleftrightarrow \dot{U}=U\angle\varphi_u$

$i=I_\mathrm{m}\sin(\omega t+\varphi_i)\Longleftrightarrow \dot{I}=I\angle\varphi_i$

$\dot{U}=U\angle\varphi_u \qquad \dot{I}=I\angle\varphi_i$

$\varphi=\varphi_u-\varphi_i$

相量图：

1 电阻元件

1) 伏安特性

$\dot{U}_R=R\dot{I}_R$ $\begin{cases} U_R=RI_R \\ \dot{U}_R与\dot{I}_R同相 \end{cases}$　相量图：

2) 功率和能量

瞬时功率：$p\geqslant0$（耗能元件）

有功功率：$P_R=U_RI_R=\dfrac{U_R^2}{R}=I_R^2R$

无功功率：$Q_R=0$

$W_R=U_RI_Rt=\dfrac{U_R^2}{R}t=I_R^2Rt$

2 电感元件

1) 伏安特性

$\dot{U}_L=\mathrm{j}X_L\dot{I}_L$ $\begin{cases} U_L=X_LI_L \\ \dot{U}_L超前\dot{I}_L90° \end{cases}$　相量图：

（其中$x_L=\omega L=2\pi f_L$）通直阻交

2) 功率和能量

瞬时功率：$p_L=U_LI_L\sin2\omega t$（储能元件）

有功功率：$P_L=0$

无功功率：$Q_L=U_LI_L=\dfrac{U_L^2}{X_L}=I_L^2X_L$

$W_L=\dfrac{1}{2}Li_L^2$（储存磁场能量）

3 电容元件

1) 伏安特性

$$\dot{U}_C = jX_C\dot{I}_C \begin{cases} U_C = X_C I_C \\ \dot{U}_C \text{滞后} \dot{I}_C 90° \end{cases}$$

(其中 $X_C = \dfrac{1}{\omega C} = \dfrac{1}{2\pi f_C}$)隔直通交

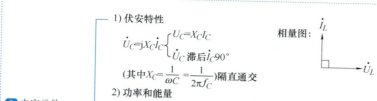

相量图：

2) 功率和能量

瞬时功率：$P_C = U_C I_C \sin 2\omega t$（储能元件）

有功功率：$P_C = 0$

无功功率：$Q_C = U_C I_C = \dfrac{U_C^2}{X_C} = I_C^2 X_C$

$W_C = \dfrac{1}{2}C u_C^2$（储存电场能量）

RLC串联电路

1 ★通用公式：

$$Z = R + j(X_L - X_C) = R + jX = |Z| \angle\varphi$$
$$(|Z| = \sqrt{R^2 + X^2},\ \varphi = \arctan\dfrac{X}{R})$$
$$\dot{U} = \dot{I}Z = \dot{I}|Z| \angle\varphi$$
$$S = UI$$
$$P = UI\cos\varphi$$
$$Q = UI\sin\varphi$$

2 电路三种性质：

(1) 电阻性：$X_L = X_C$，电压 $\dot{U}$ 与电流 $\dot{I}$ 同相

(2) 电感性：$X_L > X_C$，电压 $\dot{U}$ 超前电流 $\dot{I}$

(3) 电容性：$X_L < X_C$，电压 $\dot{U}$ 滞后电流 $\dot{I}$

3 总结：同一电路中，频率一定情况下，电路元件参数的确定，决定了电路阻抗Z、电路的性质、电路的电压U电流I的大小和相位关系、功率的分配
以 $X_L > X_C$ 为例，下面的阻抗三角形、电压三角形、功率三角形三者之间的关系，很好地诠释了上述关系

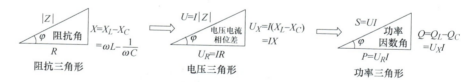

阻抗三角形　　　　　电压三角形　　　　　功率三角形

4 ★无功补偿：

目的：提高电能利用率(功率因数)$\cos\varphi$

方法：并联适当的电容器

原理：功率因数 $\cos\varphi = \dfrac{P}{S}$，$S$恒，要↗$P$，
需↗$\cos\varphi$；而↗$\cos\varphi$，须↗φ

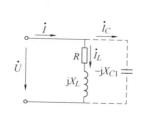

1. 并联电容前：
$$\dot{I} = \dot{I}_L$$

2. 并联电容后：
$$\dot{I} = \dot{I}_L + \dot{I}_C \quad \varphi_1 < \varphi$$

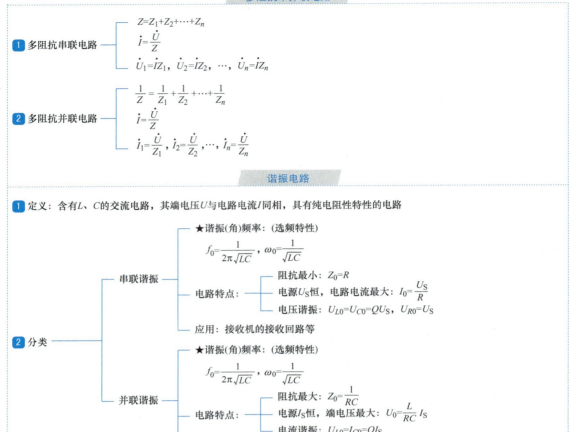

多阻抗串并联电路

1 多阻抗串联电路
$$Z=Z_1+Z_2+\cdots+Z_n$$
$$\dot{I}=\frac{\dot{U}}{Z}$$
$$\dot{U}_1=\dot{I}Z_1,\ \dot{U}_2=\dot{I}Z_2,\ \cdots,\ \dot{U}_n=\dot{I}Z_n$$

2 多阻抗并联电路
$$\frac{1}{Z}=\frac{1}{Z_1}+\frac{1}{Z_2}+\cdots+\frac{1}{Z_n}$$
$$\dot{I}=\frac{\dot{U}}{Z}$$
$$\dot{I}_1=\frac{\dot{U}}{Z_1},\ \dot{I}_2=\frac{\dot{U}}{Z_2},\ \cdots,\ \dot{I}_n=\frac{\dot{U}}{Z_n}$$

谐振电路

1 定义：含有L、C的交流电路，其端电压U与电路电流I同相，具有纯电阻性特性的电路

2 分类

串联谐振
- ★谐振(角)频率：(选频特性) $f_0=\dfrac{1}{2\pi\sqrt{LC}}$，$\omega_0=\dfrac{1}{\sqrt{LC}}$
- 电路特点：
  - 阻抗最小：$Z_0=R$
  - 电源U_S恒，电路电流最大：$I_0=\dfrac{U_S}{R}$
  - 电压谐振：$U_{L0}=U_{C0}=QU_S$，$U_{R0}=U_S$
- 应用：接收机的接收回路等

并联谐振
- ★谐振(角)频率：(选频特性) $f_0=\dfrac{1}{2\pi\sqrt{LC}}$，$\omega_0=\dfrac{1}{\sqrt{LC}}$
- 电路特点：
  - 阻抗最大：$Z_0=\dfrac{1}{RC}$
  - 电源I_S恒，端电压最大：$U_0=\dfrac{L}{RC}I_S$
  - 电流谐振：$U_{L0}=I_{C0}=QI_S$
- 应用：振荡电路、中频放大器的选频回路等

习 题

3-1　某正弦电压的频率为40Hz，有效值为$10\sqrt{2}\,$V，在$t=0$时，电压的瞬时值为$10\sqrt{2}\,$V，且此时电压在增加，求该电压的瞬值表达式。

3-2　已知$u=311\sin100t$V，$i=14.1\sin(100t+80°)$A，试求这两个正弦信号的有效值。

3-3　已知复数$A_1=6-\text{j}8$，$A_2=2+\text{j}2$，试求两复数的和、差、积、商。

3-4　比较正弦电流$i_1=5\sin100t$A、$i_2=10\sin(100t+60°)$A的相位差，试将i_1、i_2用对应的相量来表示，求$i=i_1+i_2$的值，并画出相应的相量图。

3-5　在图3-63所示的相量图中，已知$U=100$V、$I_1=5$A、$I_2=3$A，它们的角频率是314rad/s，试写出各正弦量的瞬时值表达式

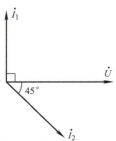

图3-63　习题3-5电路

及其相量形式。

3-6　已知频率 $f = 50\text{Hz}$，试写出下列各相量对应的正弦量的瞬时值表达形式。

（1）$\dot{U} = 100\angle 30°\ \text{V}$；（2）$\dot{U} = 50\angle -45°\ \text{V}$；（3）$\dot{I} = 5\angle 60°\ \text{A}$；

（4）$\dot{I} = 2\angle -90°\ \text{A}$。

3-7　将 $R = 20\Omega$ 的电阻接到 $u = 50\sqrt{2}\sin(314t + 75°)\text{V}$ 的电源上，试求通过电阻的电流 i 及有功功率 P，并画出相量图。

3-8　将 $L = 25\text{mH}$ 的电感接到 $u = 100\sqrt{2}\sin(100t - 45°)\text{V}$ 的电源上，试求通过电感的电流 i 及无功功率 Q，并画出相量图。

3-9　将 $C = 100\mu\text{F}$ 的电容接到正弦交流电源上，已知 $i_C = 2\sqrt{2}\sin(100t + 30°)\text{A}$，试求电容两端的电压 u 及无功功率 Q，并画出相量图。

3-10　电路元件 A 如图 3-64 所示，在下列情况下，试判断元件 A 是什么元件。

（1）$u = 100\sin(100t - 45°)\text{V}$，$i = 5\sin(100t + 45°)\text{A}$；

（2）$u = 15\sqrt{2}\sin(314t + 60°)\text{V}$，$i = \sqrt{2}\sin(314t + 60°)\text{A}$；

（3）$u = 10\sin(100t + 30°)\text{V}$，$i = 2\sin(100t - 60°)\text{A}$。

3-11　电路如图 3-65 所示，已知 $u = 10\sqrt{2}\sin(100t - 45°)\text{V}$，$i = 5\sqrt{2}\sin 100t\text{A}$，$u_A = 5\sin 100t\text{V}$，则元件 A、B 各为什么元件？

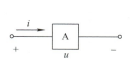

图 3-64　习题 3-10 电路

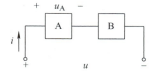

图 3-65　习题 3-11 电路

3-12　已知荧光灯电路如图 3-66 所示，已知灯管等效电阻 $R_1 = 100\Omega$，镇流器的电阻和电感分别为 $R_2 = 20\Omega$，$L = 1\text{H}$，电源电压为 $\dot{U} = 220\angle 0°\ \text{V}$，频率为 $f = 50\text{Hz}$，求电路电流 $\dot{I}$、灯管电压 $\dot{U}_1$ 以及镇流器电压 $\dot{U}_2$。

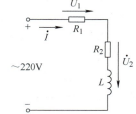

图 3-66　习题 3-12 电路

3-13　RL 串联电路中，已知通过电流为 $i = 2\sqrt{2}\sin(100t - 60°)\text{A}$，$R = 20\Omega$，$L = 200\text{mH}$。求：（1）电阻上的电压 $\dot{U}_R$ 和电感上的电压 $\dot{U}_L$；（2）电路两端的电压 $\dot{U}$；（3）电路的视在功率 S、有功功率 P、无功功率 Q 和功率因数 $\cos\varphi$；（4）画相量图。

3-14　RLC 串联电路中，$R = 20\Omega$，$X_L = 60\Omega$，$X_C = 40\Omega$，接在 $u = 100\sqrt{2}\sin(100t - 60°)$ V 的正弦电源上。求：（1）电路的复阻抗 Z，并判断电路的性质；（2）电路的总电流 $\dot{I}$，电压 $\dot{U}_R$、$\dot{U}_L$、$\dot{U}_C$；（3）电路的视在功率 S、有功功率 P、无功功率 Q 和功率因数 $\cos\varphi$；（4）画出电路的相量图。

3-15 图 3-67 所示 RL 串联的正弦交流电路中，已知电源电压 $u = 20\sqrt{2}\sin100t\,\text{V}$，电流 i 的有效值 $I = 4\text{A}$，有功功率 $P = 48\text{W}$，电阻 R、电感 L 各为多少？

3-16 RL 串联的正弦交流电路中，已知电阻 $R = 100\Omega$，电源频率 $f = 50\text{Hz}$，电阻上电压 $\dot{U}_R$ 比电源电压 $\dot{U}$ 滞后 $60°$，求 L 等于多少？

3-17 图 3-68 所示正弦交流电路中，已知 $\dot{U} = 20\angle45°\,\text{V}$，$\dot{I} = 2\angle0°\,\text{A}$，电容电压有效值为 $U_C = 10\text{V}$，求阻抗 Z 等于多少？

3-18 图 3-69 所示的正弦交流电路中，已知 $X_L = X_C = R$，安培表 A_1 的读数为 2A，那么 A_2、A_3 的读数为多少？

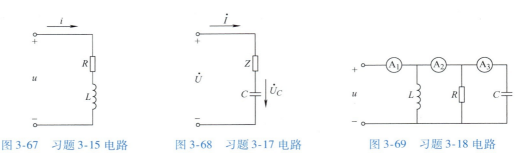

图 3-67 习题 3-15 电路   图 3-68 习题 3-17 电路   图 3-69 习题 3-18 电路

3-19 图 3-70 所示电路中，已知 $R = 3\Omega$，正弦交流电压 u 的角频率 $\omega = 10^5\,\text{rad/s}$，有效值 $U = 10\text{V}$，若电流表的读数为 2A，试求电容 C 的值。

3-20 RLC 并联，$R = 20\Omega$，$X_L = 40\Omega$，$X_C = 25\Omega$，接在 $u = 100\sqrt{2}\sin100t\,\text{V}$ 的正弦电源上。求：（1）电路的复导纳 Y，并判断电路的性质；（2）电路的总电流 $\dot{I}$，各支路电流 $\dot{I}_R$、$\dot{I}_L$、$\dot{I}_C$；（3）电路的视在功率 S、有功功率 P、无功功率 Q 和功率因数 $\cos\varphi$；（4）画出电路的相量图。

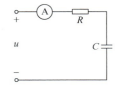

图 3-70 习题 3-19 电路

3-21 图 3-71 所示的 RC 并联正弦交流电路中，已知 $C = 5\mu\text{F}$，当电源频率 $f = 50\text{Hz}$ 时，电容所在支路电流 i_C 比总电流 i 超前 $60°$，求电阻 R 的值。

3-22 图 3-72 所示的正弦交流电路中，已知 $X_L = R = 2\Omega$，电源电压 u 的有效值 $U = 100\text{V}$，$\omega = 1000\,\text{rad/s}$。当开关 S 断开或闭合时，电流表 A 的读数保持不变，试求 C 的值为多少？

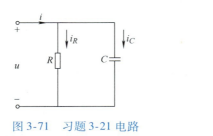

图 3-71 习题 3-21 电路

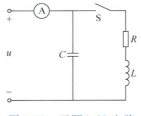

图 3-72 习题 3-22 电路

3-23 图 3-73 所示的正弦交流电路中，已知电源电压 $\dot{U} = 100\angle0°\,\text{V}$，$X_L = 8\Omega$，$R =$

6Ω，$X_C = 4\Omega$，试求电路的有功功率 P、无功功率 Q、视在功率 S 和功率因数 $\cos\varphi$。

3-24　图 3-74 所示电路中，已知 $R_1 = 5\Omega$，$R_2 = X_L$，端口电压为 100V，X_C 的电流为 10A，R_2 的电流为 14.1A，试求 X_C、R_2 和 X_L。

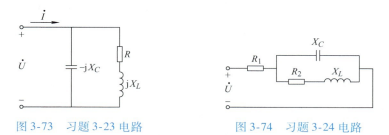

图 3-73　习题 3-23 电路　　　　图 3-74　习题 3-24 电路

3-25　试求图 3-75 所示电路中的等效复阻抗 Z 和复导纳 Y。

3-26　图 3-76 所示电路中，已知 $\dot{U}_R = 2\angle 0°$ V，求 $\dot{U}$、$\dot{I}$。

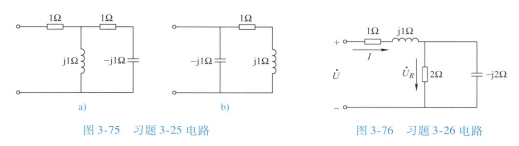

图 3-75　习题 3-25 电路　　　　　图 3-76　习题 3-26 电路

3-27　图 3-77 所示电路中，已知 $Z_1 = (3 + j4)\ \Omega$，$Z_2 = (8 - j6)\ \Omega$，$Z_3 = j10\Omega$，电源电压相量 $\dot{U} = 100\angle 0°$ V，求各支路电流相量，并画出电路的相量图。

3-28　一感性负载接在 50Hz、220V 的交流电源上，消耗的功率为 20kW，功率因数为 0.6。欲将电路的功率因数提高到 0.9，应并联多大电容？

3-29　在感性负载两端并联适当的电容器可以提高整个电路的功率因数。试问图 3-78 所示电路中，随着 RL 串联电路两端并联电容 C 的容量增大，电路的功率因数 $\cos\varphi$、总电流 I、感性负载电流 I_L 和电容电流 I_C 将如何变化？

3-30　图 3-79 为照明电路中的一只开关一盏灯一插座电路，试判断接线是否正确。

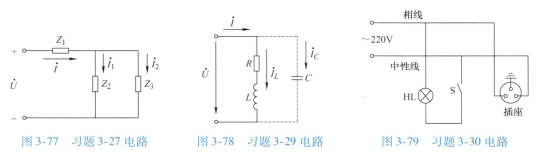

图 3-77　习题 3-27 电路　　图 3-78　习题 3-29 电路　　图 3-79　习题 3-30 电路

3-31　图 3-80 为两个开关异地控制一盏照明灯的控制电路，其中 S_1、S_2 为双联开关。
（1）图中，A、B 分别是什么电源线？

（2）简述其控制过程。

3-32　照明电路如图 3-81 所示，闭合开关 S 后，发现电灯 HL 不亮，且熔断器 FU 没有熔断。用测电笔测试灯头的两根导线 B、C，发现这两处都能使测电笔的氖管发光，再用测电笔测试相线 A 和中性线 D 时，氖管在测相线 A 时能发光，在测中性线 D 时不发光。是哪里出现了故障？

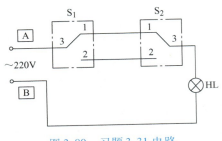

图 3-80　习题 3-31 电路

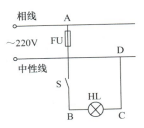

图 3-81　习题 3-32 电路

项目3
扫码练习

项目4　三相正弦交流电路分析

学习目标

1）了解三相正弦交流电路在日常生活中的应用。
2）掌握对称三相正弦量的解析式、波形、相量表达式及相量图。
3）掌握三相电路的各种连接方式及其线电压与相电压、线电流与相电流之间的关系。
4）掌握对称三相电路电压、电流和功率的计算方法。
5）理解不对称三相电路的概念，了解三相负载不对称时的分析方法。

工作任务1

1. 任务描述

住宅楼照明线路安装与测试的认识。

2. 任务实施

（1）三相负载星形联结（三相四线制供电）　电路如图4-1所示，即三相灯组负载（3盏/组）经三相自耦调压器接通三相对称电源，调节调压器使其输出线电压为220V，按表4-1要求分别测量三相负载的线电压、相电压、线电流（相电流）、中性线电流、电源与负载中性点间的电压，将所测得的数据记入表中，并观察各相灯组亮暗的变化程度，特别要注意观察中性线的作用。

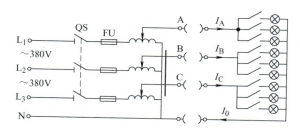

图4-1　三相负载星形联结

表4-1　三相负载星形联结实验数据表格

负载情况	开灯组数			测量数据									中性线电流/A	中性点电压/V
				线电流/A			线电压/V			相电压/V				
	A相	B相	C相	I_A	I_B	I_C	U_{AB}	U_{BC}	U_{CA}	U_A	U_B	U_C	I_0	U_{N0}
Y0联结平衡负载	3	3	3											
Y0联结不平衡负载	1	2	3											

（续）

负载情况	开灯组数			测量数据									中性线电流/A	中性点电压/V
				线电流/A			线电压/V			相电压/V				
	A 相	B 相	C 相	I_A	I_B	I_C	U_{AB}	U_{BC}	U_{CA}	U_A	U_B	U_C	I_0	U_{N0}
Y0 联结 B 相断开	1	断	3											
Y 联结 平衡负载	3	3	3											
Y 联结 不平衡负载	1	2	3											
Y 联结 B 相断开	1	断	3											
Y 联结 B 相短路	1	短	3											

注：表中 Y0 联结为有中性线，Y 联结为无中性线。

（2）三相负载三角形联结（三相三线制供电）　电路如图 4-2 所示，经指导教师检查合格后接通三相电源，并调节调压器使其输出线电压为 220V，并按表 4-2 的内容进行测试。

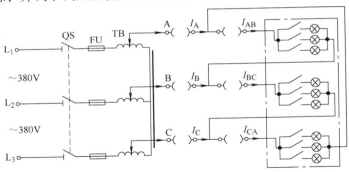

图 4-2　三相负载三角形联结

表 4-2　三相负载三角形联结实验数据表格

负载情况	开灯组数			测量数据								
				线电压/V			线电流/A			相电流/A		
	A—B	B—C	C—A	U_{AB}	U_{BC}	U_{CA}	I_A	I_B	I_C	I_{AB}	I_{BC}	I_{CA}
三相平衡负载	3	3	3									
三相不平衡负载	1	2	3									

注意：

①每次接线完毕，应自查一遍，然后由指导教师检查正确后，方可接通电源，必须严格遵守"先接线、后通电，先断电、后拆线"的操作原则。

②星形联结负载做短路实验时，必须首先断开中性线，以免发生短路事故。

相关实践知识1

1. 住宅楼照明线路的构成

住宅楼照明线路由总配电箱、单户配电箱、导线、开关、插座、照明灯具（负载）等构成，如图4-3所示。

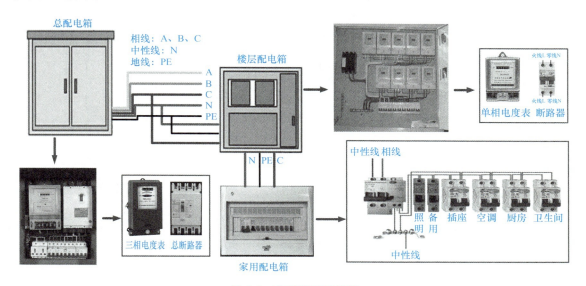

图 4-3　住宅楼照明线路

2. 住宅楼照明线路的安装与测试

住宅楼照明线路安装属于室内配线，必须有施工图样。根据施工图样，配备总配电箱、单户配电箱、开关、插座、照明灯具、导线、线槽及线管等。按照施工图样确定室内配线的类型是明装配线还是暗装配线。明装配线是采用绝缘子、板槽、线管等将导线沿墙、天花板、房梁等建筑物表面进行敷设。暗装配线是将导线穿在线管内，埋设在墙内、地板内和装设在顶棚内等隐蔽处所进行敷设。根据不同的配线方式采用相应的安装工艺进行配电箱体、开关、插座、照明灯具等的安装以及导线的敷设，然后将导线与配电箱体、开关、插座、照明灯具等进行连接，再进行检查，最后通电测试验证。

> **注意：** 使用的导线的额定电流应大于线路的工作电流；导线必须按颜色区分，红色为相线，蓝色为中性线，双色线为地线。

3. 住宅楼照明线路的供电方式

住宅楼照明线路的电源电压为220V，属于单相用电负载。由于三相交流电的优越性，供电电网都采用三相交流电供电，住宅楼照明为大容量负荷，为了保证供电系统负荷平衡，采用三相四线制电源供电，将住宅楼照明线基本均匀地分接于三相电源中，如图4-4所示。电能经总配电箱到单户配电箱，单户配电箱又为照明电器、空调插座、普通插座等多个支路供电。由于本项目主要介绍三相交流电的应用，因而在图4-4中将配电箱中的器件省略了一部分, 将照明灯具作为主要负载画出。由于住宅楼各住户用电负载不一, 因而三相交流电源上的负载不对称。另外, 住宅楼中所用的三相水泵、电梯则为三相对称负载。

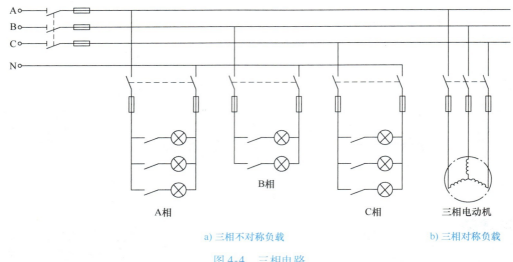

a) 三相不对称负载   b) 三相对称负载

图 4-4   三相电路

工作任务2

1. 任务描述

三相异步电动机的检测。

2. 任务实施

不带电检测, 将电源切断, 三相异步电动机退出运行, 打开三相异步电动机接线盒, 拆除三相绕组间的连接锁片, 如图 4-5 所示。

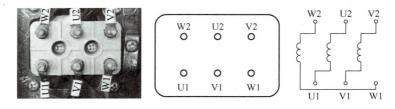

图 4-5   三相异步电动机接线盒和内部绕组连接示意

使用检测工具为指针式万用表和绝缘电阻表, 如图 4-6 所示。

（1）外观检测

外壳无破损, 轴承、风扇、转子转动灵活, 无摩擦杂音, 螺钉齐全无松脱。

（2）三相绕组电阻测量

用指针式万用表电阻档 $R \times 1$ 档位分别测量三相绕组的直流电阻, 如图 4-7 所示, 数据记录在表 4-3 中。阻值范围为几~几十欧, 三相绕组电阻接近, 否则可能有局部短路、断路或匝数不对称情况。

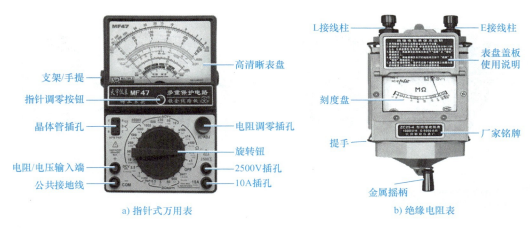

a) 指针式万用表　　　　　　　b) 绝缘电阻表

图 4-6　检测工具

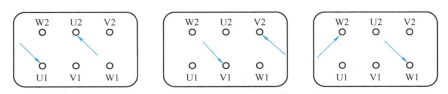

图 4-7　电动机三相绕组直流电阻的测量

（3）绝缘电阻测量

1）测量相对地绝缘。测量三相电动机绕组与外壳的绝缘电阻，将绝缘电阻表 E 接线柱的测试线接触电动机外壳，L 接线柱的测试线分别接触 U、V、W 三相接线端子，如图 4-8 所示。以 120r/min 左右的速度摇动绝缘电阻表发电机手柄，将每次测量数据记录在表 4-3 中。一般电动机的相对地绝缘电阻值不小于 0.5MΩ。

表 4-3　检测三相异步电动机记录表

检测点	阻值/Ω	检测点	阻值/Ω
U 相绕组（U1—U2）		U、V 相间	
V 相绕组（V1—V2）		V、W 相间	
W 相绕组（W1—W2）		W、U 相间	
U 相与地之间		V 相与地之间	
W 相与地之间			

2）测量相间绝缘。测量三相电动机绕组之间的绝缘电阻，将 L 接线柱和 E 接线柱的测试线分别接到任意两相绕组的任一端子上，如图 4-9 所示。以 120r/min 的转速匀速摇动绝缘电阻表发电机手柄，三相绕组两两测量一次，将每次测量数据记录在表 4-1 中。一般电动机的相间绝缘电阻值不小于 0.5MΩ。

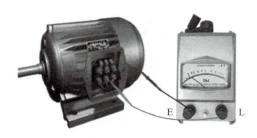

图 4-8 三相电动机相对地绝缘测试

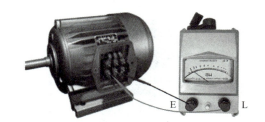

图 4-9 三相电动机相间绝缘测试

相关实践知识2

1. 三相异步电动机

三相异步电动机是利用电磁感应原理，将电能转换为机械能的旋转设备主要由定子、转子等组成，如图4-10所示。

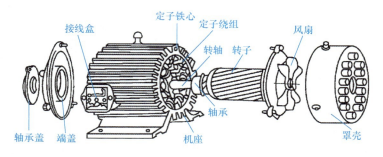

图 4-10 三相异步电动机的构造

（1）主要结构

1）定子。定子是电动机的固定部分，主要由定子铁心和三相定子绕组构成，如图4-11所示。定子铁心的内圆周均匀开槽，依次嵌入三个几何尺寸、匝数均相同的三相定子绕组 U、V、W，其中 U1、V1、W1 为首端，U2、V2、W2 为末端。

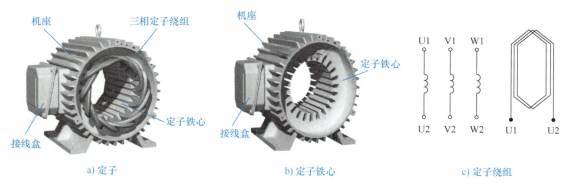

a) 定子　　　　　　　　b) 定子铁心　　　　　　　　c) 定子绕组

图 4-11 三相异步电动机定子

2）转子。转子是电动机的旋转部分，主要由转子铁心和转子绕组构成。转子铁心的外圆周均匀开槽，嵌入转子绕组。按转子绕组的形式不同，可分为笼型异步电动机和绕线转子异步电动机，如图 4-12 所示。

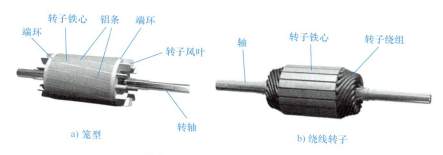

a) 笼型　　　　　　　　　　　　　　　　b) 绕线转子

图 4-12　三相异步电动机转子

为减少涡流损耗，定子、转子铁心由厚度为 0.5mm、相互绝缘的硅钢片叠压而成，如图 4-13 所示。

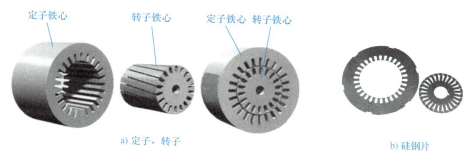

a) 定子、转子　　　　　　　　　　　　　b) 硅钢片

图 4-13　三相异步电动机铁心

（2）工作原理

三相异步电动机主要部分为铁心和绕组，铁心构成磁路，绕组构成电路。当三相异步电动机定子绕组通入三相对称交流电后，将会产生一个旋转磁场，如图 4-14 所示。

在定子产生的旋转磁场和转子绕组切割磁力线的相互作用下，转子绕组产生感应电流，转子绕组中的电流又与旋转磁场相互作用产生电磁力。电磁力产生的电磁转矩驱动转子沿着旋转磁场方向旋转起来，这样三相异步电动机就转动起来了，如图 4-15 所示。

若要实现三相异步电动机的反转，可将通入电动机三相交流电中的任意两相调换接线，即改变通入电动机定子绕组的电源相序，使旋转磁场的旋转方向改变，实现电动机的换向。

（3）接线方式

三相异步电动机接线盒及接线方式如图 4-16 所示。

1）星形联结：三相绕组的末端连接在一起，首端引出三条线分别与外电路（三根相线 L1、L2、L3）相连的连接方式，如图 4-17 所示。

2）三角形联结：三相绕组的首尾端依次相连，形成闭合回路，从连接点引出三条线分别与外电路（三根相线 L1、L2、L3）相连的连接方式，如图 4-18 所示。

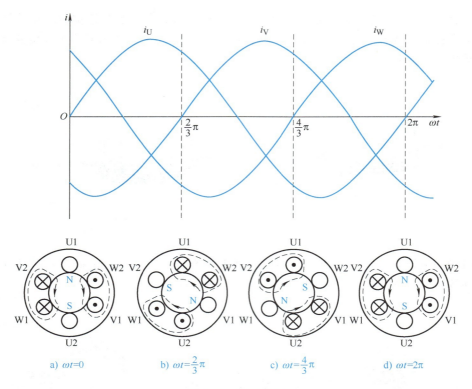

a) $\omega t=0$　　b) $\omega t=\dfrac{2}{3}\pi$　　c) $\omega t=\dfrac{4}{3}\pi$　　d) $\omega t=2\pi$

图 4-14　旋转磁场

注：电流为正时，从绕组首端流进，末端流出；电流为负时，从绕组末端流进，首端流出。

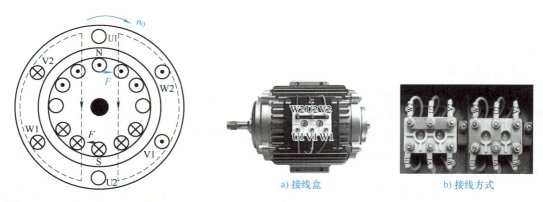

a) 接线盒　　　　　　　b) 接线方式

图 4-15　三相异步电动机转动原理　　　图 4-16　三相异步电动机接线盒及接线方式

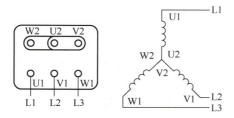

图 4-17　三相异步电动机的星形联结

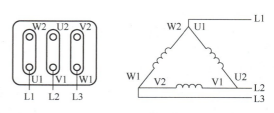

图 4-18　三相异步电动机的三角形联结

2. 绝缘电阻表的使用

绝缘电阻表作为电工常用的一种测量仪表，主要用来检查电气设备、家用电器或电气线路对地及相间的绝缘电阻，以保证这些设备、电器和线路工作在正常状态，避免发生触电伤亡及设备损坏等事故。绝缘电阻表大多采用手摇发电机供电，故旧称摇表，也称兆欧表。

（1）绝缘电阻表的结构

绝缘电阻表由一个手摇发电机、表头和三个接线柱（即 L：线路端；E：接地端；G：屏蔽端）组成，如图 4-19 所示。

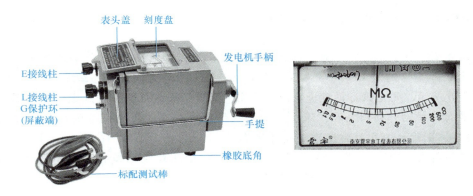

图 4-19　绝缘电阻表及其刻度盘

（2）绝缘电阻表的正确使用方法

1）绝缘电阻表选择。额定电压在 500V 以下的设备，选用 500V 的绝缘电阻表；额定电压在 500V 以上的设备，选用 1000V 或 2500V 的绝缘电阻表。

2）绝缘电阻表用前检查。

将一条测试线接绝缘电阻表的 E 接线柱，另一条接 L 接线柱。

① 短路测试。将 L 接线柱和 E 接线柱所连的测试线短接，缓慢摇动手柄，指针指在标度尺的 "0" 位置为合格，如图 4-20 所示。

② 开路测试。将 L 接线柱和 E 接线柱所连的测试线分开，摇动手柄使发电机达到额定转速（120r/min），指针指在标度尺 "∞" 的位置为合格，如图 4-21 所示。

图 4-20　绝缘电阻表短路测试

图 4-21　绝缘电阻表开路测试

经检查完好，绝缘电阻表才能使用。

3）测量绝缘电阻

① 测量前，先切断所测设备电源，放电。

② 正确接线：E 接线柱接地，L 接线柱接所测设备，如图 4-22 所示。

③ 顺时针均匀摇动绝缘电阻表手柄，转速逐步加速到 120r/min，摇动手柄 1min，待指针稳定后再读数，边摇边读数。

④ 测量完毕，先将 L 接线柱与被测设备断开，再停止绝缘电阻表的摇动。接着断开 E 接线柱连线，被测设备放电。

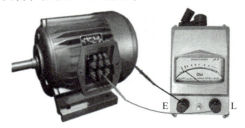

图 4-22 三相电动机相对地绝缘测试

 知识加油站：低压配电系统中的保护接地

　　如图 4-23a 所示，电源系统中性点直接接地（工作接地），用电设备的外露可导电部分（如金属外壳）通过 PE 线与此接地系统相连接（保护接地）。一旦发生了漏电事故，如图 4-23b 所示，用电设备的外壳电位不会上升太多，而过电流保护装置（断路器和熔断器）会执行保护动作切断电源，保护线路并确保人身安全。用电设备的单相三孔插头及插座如图 4-24 所示。五孔插座的接线规范是"左零（N）右火（L）中地（PE）"。三孔插头的中间引脚（PE）较长，这样用电设备插入时金属外壳先加地线，断电时金属外壳后离开地线，地线先通后断，保障用电安全。

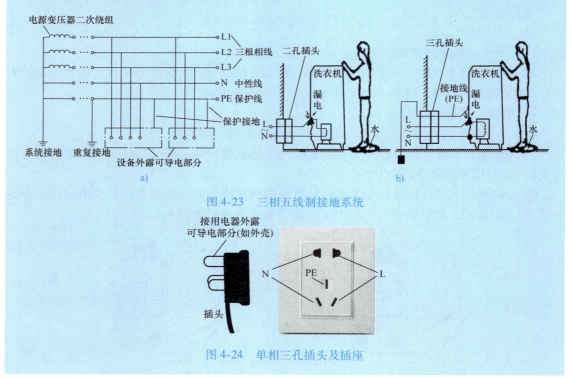

图 4-23 三相五线制接地系统

图 4-24 单相三孔插头及插座

📲 相关理论知识

　　现代电力系统几乎都采用三相正弦交流电供电。由于三相交流电在输电方面比单相交流电经济，例如，在输电距离、输送功率、功率因数、电压损失和功率损失都相同的条件下，用三相交流电输电所需输电导线的金属用量仅为单相交流电输电时的75%；此外，三相电动机和发电机的性能比单相电机优越，而且所用材料比制造同等容量的单相电机节省，因而现代发电、输电和动力用电方面都采用三相正弦交流电，照明等单相用电负载也可由三相正弦交流电源来供电。电能输送流程如图4-25所示。

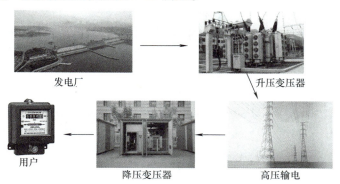

发电厂　　　　　　　　　　升压变压器

用户　　　降压变压器　　　高压输电

图4-25　电能输送流程

我国建有许多三相交流发电站。白鹤滩水电站是实施"西电东送"的国家重大工程，全部建成投产后，将成为仅次于三峡工程的世界第二大水电站。其最大亮点是采用了单机100万kW的大型水轮发电机组，单机容量全球最大，我国还对其拥有完全知识产权，实现了我国高端装备制造的重大突破，这将在世界水电史上留下划时代的浓重一笔。

4.1　三相交流电

三相交流电供电系统是频率和幅值相同但是相位互差120°的三相电源供电的系统。由这种电源供电的电路称为三相电路。日常生活用的单相交流电是三相交流电的一部分。

三相交流电源是由三相交流发电机产生的，三相交流发电机结构如图4-26a所示。它的主要组成部分是定子和转子，定子是电机的固定部分，主要由铁心和绕组组成。定子铁心由硅钢片叠压而成，在其内圆周表面沿径向均匀开有嵌线槽，每隔120°依次嵌入三个几何尺寸和匝数均相同的绕组，称为定子绕组。定子绕组的首端分别标以A、B、C，末端分别标以X、Y、Z，又分别称为A相、B相、C相，三相定子绕组如图4-26b所示。

转子是电机的转动部分，也主要由铁心和绕组组成。转子铁心上绕有励磁绕组，通以直流电可产生磁场。选择适当的极面形状和励磁绕组的布置，可使磁极与定子间的空气隙中的磁感应强度按正弦分布。

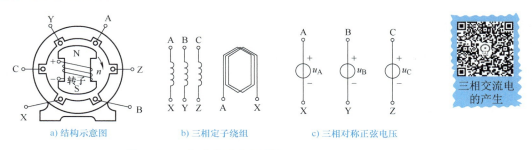

a) 结构示意图　　　　　b) 三相定子绕组　　　　c) 三相对称正弦电压

三相交流电的产生

图4-26　三相交流发电机原理

当转子在原动机的拖动下匀速旋转时，（图 4-26a 中为顺时针旋转，线圈相当于逆时针旋转切割磁力线），则各相定子绕组依次切割磁力线，将产生频率相同、振幅相等、相位彼此相差 120° 的三相感应电动势，即三个电压源，这三个电压源称为三相对称电源，三相感应电动势为三相对称正弦电压。每相感应电动势的参考方向规定为由绕组的首端指向末端，如图 4-26c 所示。

若以 A 相感应电动势为参考正弦量，则上述三相对称感应电动势的解析式为

$$\begin{cases} u_A = \sqrt{2}\,U\sin\omega t \\ u_B = \sqrt{2}\,U\sin(\omega t - 120°) \\ u_C = \sqrt{2}\,U\sin(\omega t - 240°) = \sqrt{2}\,U\sin(\omega t + 120°) \end{cases} \tag{4-1}$$

其对应的相量为

$$\begin{cases} \dot{U}_A = U\angle 0° \\ \dot{U}_B = U\angle{-120°} \\ \dot{U}_C = U\angle 120° \end{cases} \tag{4-2}$$

其波形图和相量图分别如图 4-27 所示。由图 4-27 可知，三相对称正弦电压的特点是：三相电压的瞬时值或相量之和恒等于零，即

$$\begin{cases} u_A + u_B + u_C = 0 \\ \dot{U}_A + \dot{U}_B + \dot{U}_C = 0 \end{cases} \tag{4-3}$$

上述的三相电动势的相位依次滞后 120°，三相交流电在相位上的（或达到最大值的）先后次序称为相序。A 相比 B 相超前，B 相比 C 相超前，其相序为 A→B→C，称为正序。如果 A 相比 B 相滞后，B 相比 C 相滞后，相序便是 C→B→A，称为负序。如无特别说明，三相电源均指正序对称三相电源。三相电源的相序改变时，将使三相电动机改变旋转方向，这种方法常用于控制三相电动机使其正转或反转。

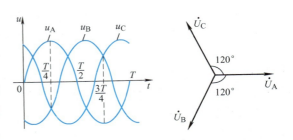

图 4-27 三相对称感应电动势的波形图和相量图

工业中通常在交流发电机的三相引出线及配电装置的三相母线上涂以黄、绿、红三种颜色，分别表示 A、B、C 三相。

4.2 三相电源和负载的连接

4.2.1 三相电源的连接

三相电源的基本连接方式有星形（Y）联结和三角形（△）联结两种。

（1）三相电源的星形联结 通常把发电机三相绕组的末端 X、Y、Z 连在一起，而首端

A、B、C 与外电路连接的方式称为三相电源的星形联结，如图 4-28a 所示。N 点称为中性点，中性点引出的导线称为中性线，中性点接地后引出的导线称为零线，常用 N 表示，其导线可用浅蓝色标志。从首端 A、B、C 引出的三根导线称为相线，常用 L1、L2、L3 表示，其导线可用黄、绿、红三种颜色标志。

三相电源采用星形联结，中性点接地后引出的三根相线和一根零线构成的供电系统称为三相四线制供电系统。低压供电网大都采用三相四线制。日常生活中见到的单相供电线路只有两根导线，一般由一根相线和一根零线组成。三相四线制供电系统可输送两种电压：一种是相电压，即相线与零线之间的电压，相电压也可认为是每相电源绕组的电压；另一种是线电压，即相线与相线之间的电压。

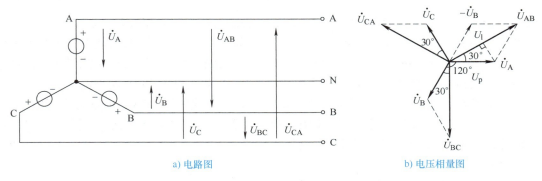

a) 电路图　　　　　　　　　　b) 电压相量图

图 4-28　三相电源星形联结

相电压用下标字母的次序表示其参考方向，分别记为 $\dot{U}_{AN}$、$\dot{U}_{BN}$、$\dot{U}_{CN}$，通常记为 $\dot{U}_A$、$\dot{U}_B$、$\dot{U}_C$，如图 4-28a 所示。当泛指相电压有效值时常用 U_p 表示。

线电压也用下标字母的次序表示其参考方向，分别记为 $\dot{U}_{AB}$、$\dot{U}_{BC}$、$\dot{U}_{CA}$，如图 4-28a 所示。当泛指线电压有效值时常用 U_l 表示。

根据基尔霍夫定律，线电压和相电压之间有如下关系：

$$\begin{cases} \dot{U}_{AB} = \dot{U}_A - \dot{U}_B \\ \dot{U}_{BC} = \dot{U}_B - \dot{U}_C \\ \dot{U}_{CA} = \dot{U}_C - \dot{U}_A \end{cases} \tag{4-4}$$

对于对称的三相电源，如设 $\dot{U}_A = U_p \angle 0°$，$\dot{U}_B = U_p \angle -120°$，$\dot{U}_C = U_p \angle 120°$，代入式（4-4）可得

$$\begin{cases} \dot{U}_{AB} = U_p \angle 0° - U_p \angle -120° = \sqrt{3}\,U_p \angle 30° \\ \dot{U}_{BC} = U_p \angle -120° - U_p \angle 120° = \sqrt{3}\,U_p \angle -90° \\ \dot{U}_{CA} = U_p \angle 120° - U_p \angle 0° = \sqrt{3}\,U_p \angle 150° \end{cases}$$

上式可化为

$$\begin{cases} \dot{U}_{AB} = \sqrt{3}\,\dot{U}_A \angle\underline{30°} \\ \dot{U}_{BC} = \sqrt{3}\,\dot{U}_B \angle\underline{30°} \\ \dot{U}_{CA} = \sqrt{3}\,\dot{U}_C \angle\underline{30°} \end{cases} \tag{4-5}$$

从上式可知，对称三相电源为星形联结时，线电压也是对称的，线电压的有效值是相电压的有效值的 $\sqrt{3}$ 倍，写成一般式则为

$$U_1 = \sqrt{3}\,U_p \tag{4-6}$$

而线电压超前于领先相的相电压 30°（线电压 $\dot{U}_{AB}$ 超前相电压 $\dot{U}_A$ 30°、线电压 $\dot{U}_{BC}$ 超前相电压 $\dot{U}_B$ 30°、线电压 $\dot{U}_{CA}$ 超前相电压 $\dot{U}_C$ 30°）。各线电压之间的相位差也是120°。

电源为星形联结时，相电压和线电压的相量图如图 4-28b 所示，具有能够提供两种电压的优点。例如，当发电机相电压是 127V 时，就可以提供相电压 127V 和线电压 220V 两种电压；当发电机相电压 220V 时，就可以提供相电压 220V 和线电压 380V 两种电压。

在三相制低压供电系统中，最常用的是相电压 220V、线电压 380V，通常写作 220/380V。工农业生产中普遍使用的三相电动机是接在线电压为 380V 的三相线上，而日常所用的照明灯、电视机等接在相线与零线之间的 220V 电压上，如图 4-4 所示。

（2）三相电源的三角形联结　发电机三相绕组的首、末端顺序相连，即 X 与 B、Y 与 C、Z 与 A 连接形成回路，从首端 A、B、C 向外引出三根导线，这种方式称为三相电源的三角形联结，如图 4-29 所示。

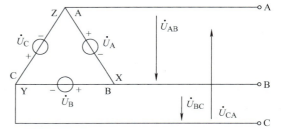

图 4-29　三相电源三角形联结

由图 4-29 可知，三相电源采用三角形联结时，各相绕组电压即相电压等于线电压

$$\begin{cases} \dot{U}_{AB} = \dot{U}_A \\ \dot{U}_{BC} = \dot{U}_B \\ \dot{U}_{CA} = \dot{U}_C \end{cases} \tag{4-7}$$

即对三角形联结有 $\qquad\qquad U_1 = U_p \tag{4-8}$

在三角形闭合回路中总电压为零，即

$$\dot{U}_A + \dot{U}_B + \dot{U}_C = U_p \angle\underline{0°} + U_p \angle\underline{-120°} + U_p \angle\underline{120°} = 0$$

相量图如图 4-30a 所示。在没有输出时，电源内部无环流。但是，如果将其中一相电源绕组（如 C 相）接反，这时三角形回路中总电压在闭合前为

$$\dot{U}_{\triangle} = \dot{U}_A + \dot{U}_B - \dot{U}_C = U_p \angle\underline{0°} + U_p \angle\underline{-120°} - U_p \angle\underline{120°} = -2\,\dot{U}_C$$

是一相电压的两倍，其相量图如图 4-30b 所示。回路闭合后根据 KVL 电压将为零，考虑到电源内部的阻抗很小，在三角形回路中可能形成很大的环行电流，将使电源装置严重损坏。

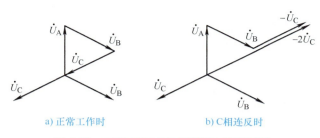

a) 正常工作时　　　　　　b) C相连反时

图 4-30　三相电源三角形联结电压相量图

4.2.2　三相负载的连接

负载可根据其额定电压决定接法：各种照明灯具、家用电器的额定电压一般为 220V，而单相变压器、电焊机、电磁铁等的额定电压有 220V 的，也有 380V 的，这类电器需要单相或两相电源就能正常工作。额定电压是 220V 的称为单相负载；额定电压是 380V、仅需要两相电源的称为两相负载。有一类电气设备额定电压为 380V，必须接到三相电源上才能正常工作，如三相电动机、大功率的三相电炉，称为三相负载。此类三相负载具有相同的参数，即各相负载的复阻抗相等，$Z_A = Z_B = Z_C = Z \angle \varphi_Z$，称为三相对称负载，如图 4-31b 所示。

一般电网提供的是三相电源，大量的单相负载和两相负载接入到三相电源，总体上可以看成三相负载，这类三相负载是不易做到对称的（即分配到三相电源的负载均等），因而称此类负载为三相不对称负载，如图 4-4a 和图 4-31a 所示。

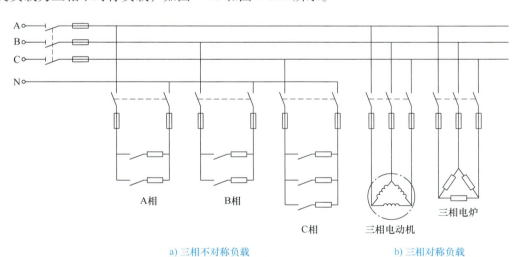

a) 三相不对称负载　　　　　　　　　　b) 三相对称负载

图 4-31　三相负载

三相负载的连接方式也有星形（丫）联结和三角形（△）联结两种。

1. 三相负载的星形联结

三个阻抗为 Z_A、Z_B、Z_C 的负载一端连接在一起，然后将负载的三个输出端分别与电源的三根相线相连，为三相负载的星形联结。将负载的公共点

三相负载的
分类与连接
方式

N′（也称负载中性点）用导线与电源中性点 N 连接，这种连接方式称为三相负载的三相四线制星形联结，如图 4-32a 所示。

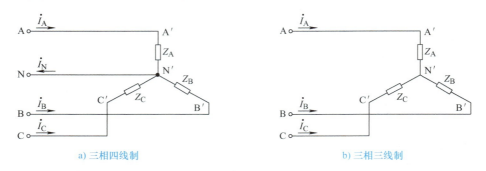

a) 三相四线制　　　　　　　　　　　　　b) 三相三线制

图 4-32　三相负载星形联结

在三相电路中，流经各相线的电流称为<u>线电流</u>，其有效值用 I_l 表示，其参考方向为由电源侧指向负载侧。流经各相负载的电流称<u>相电流</u>，其有效值用 I_p 表示。可以看出，星形联结的负载线电流等于相电流，即

$$I_l = I_p \tag{4-9}$$

在三相四线制中，流过中性线的电流为中性线电流，其参考方向为由负载侧指向电源侧。由 KCL 可知，中性线电流 $\dot{I}_N$ 为

$$\dot{I}_N = \dot{I}_A + \dot{I}_B + \dot{I}_C \tag{4-10}$$

其中

$$\begin{cases} \dot{I}_A = \dfrac{\dot{U}_A}{Z_A} \\[2mm] \dot{I}_B = \dfrac{\dot{U}_B}{Z_B} \\[2mm] \dot{I}_C = \dfrac{\dot{U}_C}{Z_C} \end{cases} \tag{4-11}$$

（1）三相对称负载星形联结　所谓三相对称负载，即 $Z_A = Z_B = Z_C$。因三相对称负载连接在三相对称电源上，所以三相负载上各相电流也是对称的，则有

$$\dot{I}_N = \dot{I}_A + \dot{I}_B + \dot{I}_C = 0$$

故有无中性线都一样，此时可省去中性线，成为三相三线制电路，如图 4-32b 所示。因三相负载的对称性，分析计算电路时，只需计算一相的电流和电压，就可以得到其他两相的情况。

三相对称负载最典型的应用是星形联结的三相电动机和三相变压器。

例 4-1　已知三相对称负载星形联结，每相负载阻抗为 $Z = (2 + j2)\,\Omega$，接在三相对称电源上，其中 $\dot{U}_{AB} = 380 \angle 30°$ V，求每相负载电流为多少?

解　因负载对称，只须计算一相即可。

因
$$\dot{U}_A = \frac{\dot{U}_{AB}}{\sqrt{3}} \angle -30°$$

则
$$\dot{U}_A = 220 \angle 0° \text{ V}$$

$$\dot{I}_A = \frac{\dot{U}_A}{Z_A} = \frac{220 \angle 0°}{2 + j2}A = \frac{220 \angle 0°}{2\sqrt{2} \angle 45°}A = 55\sqrt{2} \angle -45° \text{ A}$$

由三相电流对称关系，可得另外两相电流相量分别为

$$\dot{I}_B = 55\sqrt{2} \angle -165° \text{ A}$$

$$\dot{I}_C = 55\sqrt{2} \angle 75° \text{ A}$$

（2）三相不对称负载星形联结　三相不对称负载星形联结是最常见的，最典型的就是低压照明电路。虽然三相电源是对称的，但由于三相负载不对称，所以各相相电流是不对称的，即

$$\dot{I}_N = \dot{I}_A + \dot{I}_B + \dot{I}_C \neq 0$$

此时中性线不能够省略，如图 4-32a 所示，否则将出现不良后果。

例 4-2　三相四线制电路中的负载为纯电阻，$Z_A = 40\Omega$，$Z_B = 60\Omega$，$Z_C = 100\Omega$，负载相电压 220V，求每相负载电流及中性线电流为多少？

解　设 $\dot{U}_A = 220 \angle 0° \text{ V}$，则 $\dot{U}_B = 220 \angle -120° \text{ V}$，$\dot{U}_C = 220 \angle 120° \text{ V}$。
负载电流

$$\dot{I}_A = \frac{\dot{U}_A}{Z_A} = \frac{220 \angle 0°}{40}A = 5.5 \angle 0° \text{ A}$$

$$\dot{I}_B = \frac{\dot{U}_B}{Z_B} = \frac{220 \angle -120°}{60}A = 3.7 \angle -120° \text{ A}$$

$$\dot{I}_C = \frac{\dot{U}_C}{Z_C} = \frac{220 \angle 120°}{100}A = 2.2 \angle 120° \text{ A}$$

中性线电流　　$\dot{I}_N = \dot{I}_A + \dot{I}_B + \dot{I}_C = (5.5 \angle 0° + 3.7 \angle -120° + 2.2 \angle 120°) \text{ A}$
$$= (5.5 - 1.85 - j3.2 - 1.1 + j1.9) \text{ A}$$
$$= (2.55 - j1.3) \text{ A}$$
$$= 2.86 \angle -27° \text{ A}$$

（3）中性线的作用　在不对称三相负载星形联结中，中性线对于电路正常工作是非常重要的，中性线的存在可保证不对称负载的相电压是对称的。下面举例说明。

例 4-3　图 4-33 所示的星形联结的三相四线制电路中，已知相电压为 220V，灯泡额定工作电压为 220V。分析下列三种情况下，40W、100W 两灯工作状况如何，简述理由。

1）开关 S 闭合，S_1 断开，S_2、S_3 均闭合。

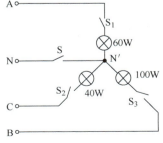

图 4-33　例 4-3 电路

2）开关 S 断开，S_1 断开，S_2、S_3 均闭合。

3）开关 S 断开且 AN′ 间短路，S_2、S_3 均闭合。

解 1）开关 S 闭合，S_1 断开，S_2、S_3 均闭合时，40W、100W 两灯均工作正常。这是因为中性线的存在可保证两负载相电压均为 220V，如图 4-34a 所示。

2）开关 S 断开，S_1 断开，S_2、S_3 均闭合时，40W、100W 两灯工作均不正常。因为无中性线，两灯串接在线电压 380V 下，100W 灯阻值小分得电压少，会较暗；40W 灯阻值大分得电压多，会很亮甚至烧坏，如图 4-34b 所示。

3）开关 S 断开且 AN′ 间短路，S_2、S_3 均闭合，40W、100W 两灯均烧坏。因为无中性线，两灯各接线电压 380V，如图 4-34c 所示。

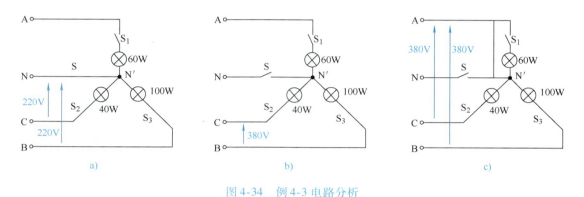

图 4-34　例 4-3 电路分析

由此可见，三相不对称负载星形联结电路，中性线非常重要，它不存在，会造成某一相电压过高或过低，电气设备工作不正常。下面进行理论分析。

图 4-35 所示为三相不对称负载星形联结电路（$Z_A \neq Z_B \neq Z_C$）。

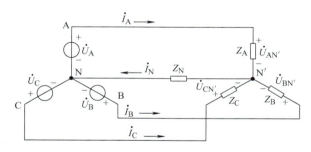

图 4-35　三相不对称负载星形联结电路

根据基尔霍夫电压定律可以得出星形负载的各相电压，即

$$\begin{cases} \dot{U}_{AN'} = \dot{U}_A - \dot{U}_{N'N} \\ \dot{U}_{BN'} = \dot{U}_B - \dot{U}_{N'N} \\ \dot{U}_{CN'} = \dot{U}_C - \dot{U}_{N'N} \end{cases}$$

各相负载电流（即各线电流）为

$$\begin{cases} \dot{I}_\mathrm{A} = \dfrac{\dot{U}_\mathrm{AN'}}{Z_\mathrm{A}} = \dot{U}_\mathrm{AN'} Y_\mathrm{A} \\[2ex] \dot{I}_\mathrm{B} = \dfrac{\dot{U}_\mathrm{BN'}}{Z_\mathrm{B}} = \dot{U}_\mathrm{BN'} Y_\mathrm{B} \\[2ex] \dot{I}_\mathrm{C} = \dfrac{\dot{U}_\mathrm{CN'}}{Z_\mathrm{C}} = \dot{U}_\mathrm{CN'} Y_\mathrm{C} \end{cases}$$

中性线电流为

$$\dot{I}_\mathrm{N} = \frac{\dot{U}_\mathrm{N'N}}{Z_\mathrm{N}} = \dot{U}_\mathrm{N'N} Y_\mathrm{N}$$

或

$$\dot{I}_\mathrm{N} = \dot{I}_\mathrm{A} + \dot{I}_\mathrm{B} + \dot{I}_\mathrm{C}$$

两中性点间的电压用 $\dot{U}_\mathrm{N'N}$ 表示，可用节点电压法对该电路进行分析计算，则有

$$\dot{U}_\mathrm{N'N} = \frac{\dot{U}_\mathrm{A} Y_\mathrm{A} + \dot{U}_\mathrm{B} Y_\mathrm{B} + \dot{U}_\mathrm{C} Y_\mathrm{C}}{Y_\mathrm{A} + Y_\mathrm{B} + Y_\mathrm{C} + Y_\mathrm{N}} \tag{4-12}$$

因为 $Z_\mathrm{A} \neq Z_\mathrm{B} \neq Z_\mathrm{C}$，即 $Y_\mathrm{A} \neq Y_\mathrm{B} \neq Y_\mathrm{C}$，所以 $\dot{U}_\mathrm{N'N} \neq 0$。具体分析可见图 4-36 所示位形图。

位形图描述了三相电路中电源、负载的相电压与线电压之间的相量关系。在线电压不变的情况下，由于负载不对称，电源中性点 N 电位与负载中性点 N′电位不等，在位形图上表现为 N 点与 N′点不重合，$\dot{U}_\mathrm{N'N} \neq 0$，这种现象称为中性点位移（也称漂移）。而 $\dot{U}_\mathrm{N'N}$ 称为中性点位移（漂移）电压。

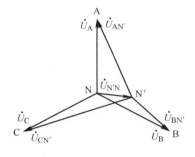

图 4-36　图 4-35 的位形图

由于中性点漂移，引起负载上各相电压分配不对称，以致某些相负载电压过高，超过额定值，可能造成设备损坏；而另一些相负载电压过低，达不到额定值，设备不能正常工作，这些都是不允许的。

（说明：位形图为相量图，它简单明了地用图解法分析三相电压中的电压、电位问题。位形图上的每一点与三相电路中的相应各点一一对应，且位形图中每一点的坐标均可表示电路中对应点的相量电位，位形图中任意两点间连成的相量均表示电路中对应的两点之间的电压。）

由式(4-12) 可知，要使 $\dot{U}_\mathrm{N'N} = 0$，必须使分子等于零或分母无限大才行。

1）当负载对称时，有 $Y_\mathrm{A} = Y_\mathrm{B} = Y_\mathrm{C} = Y$，则有

$$\dot{U}_\mathrm{A} Y_\mathrm{A} + \dot{U}_\mathrm{B} Y_\mathrm{B} + \dot{U}_\mathrm{C} Y_\mathrm{C} = (\dot{U}_\mathrm{A} + \dot{U}_\mathrm{B} + \dot{U}_\mathrm{B}) Y = 0$$

这样，中性点位移电压为零，即 $\dot{U}_\mathrm{N'N} = 0$。

2）若接入中性线并使其阻抗很小，即 $Z_\mathrm{N} \approx 0$，则 $Y_\mathrm{N} \to \infty$，使中性点电压公式中的分母无限大，那么无论三相负载阻抗对称与否，都能使 $\dot{U}_\mathrm{N'N} = 0$。

因此，当三相不对称负载星形联结时，必须连接中性线，而且为了防止中性线断开，规定在中性线上不允许安装熔断器或开关，有时中性线用钢线制成，以增强机械强度，避免断开，并且为保证安全，还把中性线接地。

2. 三相负载的三角形联结

三相负载的三角形联结是将三相负载首尾依次相连，连成一个闭合回路，从连接点引出三根线与外电路相连，如图 4-37 所示，一律为三相三线制。对于三相负载的三角形联结，线电压等于相电压

$$U_1 = U_p$$

如图 4-37 所示，各相电流分别为

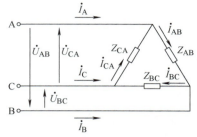

图 4-37　三相负载三角形联结

$$\begin{cases} \dot{I}_{AB} = \dfrac{\dot{U}_{AB}}{Z_{AB}} \\[2mm] \dot{I}_{BC} = \dfrac{\dot{U}_{BC}}{Z_{BC}} \\[2mm] \dot{I}_{CA} = \dfrac{\dot{U}_{CA}}{Z_{CA}} \end{cases} \tag{4-13}$$

各线电流分别为

$$\begin{cases} \dot{I}_A = \dot{I}_{AB} - \dot{I}_{CA} \\[2mm] \dot{I}_B = \dot{I}_{BC} - \dot{I}_{AB} \\[2mm] \dot{I}_C = \dot{I}_{CA} - \dot{I}_{BC} \end{cases} \tag{4-14}$$

若为三相对称负载，因为三相电源对称，则三相相电流是对称的，三相线电流也是对称的。根据式(4-14)，可画出三相对称负载三角形联结相电流与线电流之间关系的相量图，见图 4-38。

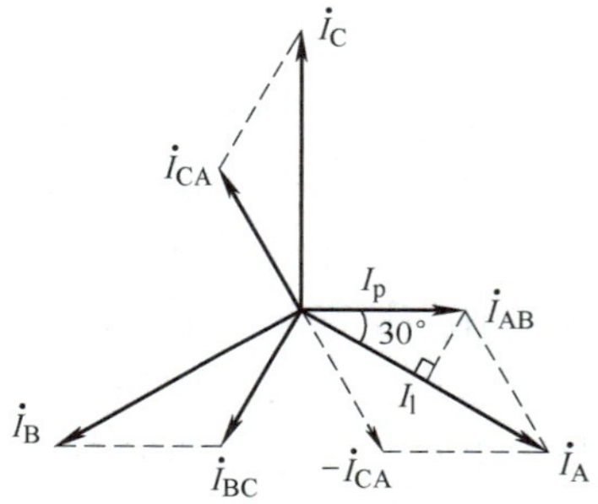

从图 4-38 可知，线电流滞后于其对应的相电流30°，且线电流有效值是相电流有效值的$\sqrt{3}$倍。即

$$I_1 = \sqrt{3} I_p \tag{4-15}$$

也即

$$\begin{cases} \dot{I}_A = \sqrt{3}\, \dot{I}_{AB} \angle -30° \\[2mm] \dot{I}_B = \sqrt{3}\, \dot{I}_{BC} \angle -30° \\[2mm] \dot{I}_C = \sqrt{3}\, \dot{I}_{CA} \angle -30° \end{cases} \tag{4-16}$$

图 4-38　三相对称负载三角形
联结电流的相量图

例 4-4　已知三相对称负载 $Z_{AB} = Z_{BC} = Z_{CA} = (3 + j4)\Omega$ 三角形联结，接在三相对称线电压 $\dot{U}_1 = 220\text{V}$ 上，试求负载相电流与线电流。

解

$$设\ \dot{U}_{AB} = 220 \angle 0° \text{ V}$$

则

$$\dot{U}_{BC} = 220 \angle -120° \text{ V}$$

$$\dot{U}_{CA} = 220 \angle 120° \text{ V}$$

负载相电流为

$$\dot{I}_{AB} = \frac{\dot{U}_{AB}}{Z_{AB}} = \frac{220 \angle 0°}{3 + j4}\text{A} = \frac{220 \angle 0°}{5 \angle 53.1°}\text{A} = 44 \angle -53.1° \text{ A}$$

由对称关系，可得到另外两相的相电流分别为

$$\dot{I}_{BC} = \dot{I}_{AB} \angle -120° = 44 \angle -173.1° \text{ A}$$

$$\dot{I}_{CA} = \dot{I}_{AB} \angle 120° = 44 \angle 66.9° \text{ A}$$

根据线电流与相电流的关系，可得各线电流分别为

$$\dot{I}_A = \sqrt{3}\ \dot{I}_{AB} \angle -30° = \sqrt{3} \times 44 \angle -53.1° \times 1 \angle -30° \text{ A} = 76.2 \angle -83.1° \text{ A}$$

$$\dot{I}_B = \dot{I}_A \angle -120° = 76.2 \angle 156.9° \text{ A}$$

$$\dot{I}_C = \dot{I}_A \angle 120° = 76.2 \angle 36.9° \text{ A}$$

综上所述，在对称三相电路中

（1）星形联结　$U_1 = \sqrt{3}\ U_p$，$I_1 = I_p$

（2）三角形联结　$U_1 = U_p$，$I_1 = \sqrt{3}\ I_p$

4.3　三相电路的功率

4.3.1　有功功率

有功功率又称平均功率。在三相电路中，三相负载吸收的总有功功率等于各相负载吸收的有功功率之和，即

$$P = P_A + P_B + P_C = U_A I_A \cos\varphi_A + U_B I_B \cos\varphi_B + U_C I_C \cos\varphi_C$$
$$= I_A^2 R_A + I_B^2 R_B + I_C^2 R_C$$

式中，φ_A、φ_B、φ_C 分别是 A 相、B 相和 C 相在电压与电流为关联参考方向下的相电压与相电流之间的相位差，等于各相负载的阻抗角。

若三相负载是对称的，则有

$$U_A I_A \cos\varphi_A = U_B I_B \cos\varphi_B = U_C I_C \cos\varphi_C = U_p I_p \cos\varphi$$

三相总有功功率为

$$P = 3U_p I_p \cos\varphi \tag{4-17}$$

式中，U_p 是相电压的有效值；I_p 是相电流的有效值；φ 是相电压与相电流之间的相位差，等于负载的阻抗角。

当负载为星形联结时，$U_p = \dfrac{U_1}{\sqrt{3}}$、$I_p = I_1$，则

$$P = \sqrt{3}\, U_1 I_1 \cos\varphi$$

当负载为三角形联结时，$U_p = U_1$、$I_p = \dfrac{I_1}{\sqrt{3}}$，则

$$P = \sqrt{3}\, U_1 I_1 \cos\varphi$$

式中，U_1 是线电压的有效值；I_1 是线电流的有效值；φ 是相电压与相电流之间的相位差，等于负载的阻抗角。

所以，对于对称三相电路，不论电源和负载是星形联结还是三角形联结，其总功率为

$$P = \sqrt{3}\, U_1 I_1 \cos\varphi \tag{4-18}$$

分析计算对称三相电路的总有功功率，常用到式(4-18)，因为它对星形联结或三角形联结的负载都适用，同时三相设备铭牌上标明的都是线电压和线电流，三相电路中容易测量出来的也是线电压和线电流。

4.3.2　无功功率

在三相电路中，三相负载的总无功功率为

$$Q = Q_A + Q_B + Q_C = U_A I_A \sin\varphi_A + U_B I_B \sin\varphi_B + U_C I_C \sin\varphi_C$$
$$= I_A^2 X_A + I_B^2 X_B + I_C^2 X_C$$

式中，φ_A、φ_B、φ_C 分别是 A 相、B 相和 C 相在电压与电流为关联参考方向下的相电压比相电流超前的相位差，等于各相负载的阻抗角。

在对称三相电路中，有

$$Q = 3 U_p I_p \sin\varphi = \sqrt{3}\, U_1 I_1 \sin\varphi \tag{4-19}$$

式中，各符号意义同 4.3.1 中所述。

4.3.3　视在功率与功率因数

在三相电路中，三相负载的总视在功率为

$$S = \sqrt{P^2 + Q^2}$$

在三相负载对称的情况下，有

$$S = 3 U_p I_p = \sqrt{3}\, U_1 I_1 \tag{4-20}$$

三相负载的总功率因数为

$$\lambda = \frac{P}{S} \tag{4-21}$$

在三相负载对称的情况下，$\lambda = \cos\varphi$，也就是一相负载的功率因数，φ 为各相负载的阻抗角。

4.3.4　对称三相电路中的瞬时功率

对称三相电路的瞬时功率之和 p 为

$$p = p_A + p_B + p_C = u_A i_A + u_B i_B + u_C i_C = \sqrt{3}\, U_1 I_1 \cos\varphi \tag{4-22}$$

此式表明，对称三相电路的瞬时功率是一个常量，其值等于平均功率（证明过程略）。

运转中的单相电动机，因为瞬时功率时大时小，产生振动，功率越大，振动越剧烈。在对称三相电路中的三相电动机，因为它的总瞬时功率不是时大时小，而是一个常量，运转中不会像单相电动机那样剧烈振动。这是三相交流电与单相交流电相比的又一优点。

瞬时功率恒定的这种性质称为瞬时功率的平衡。瞬时功率平衡的电路称为平衡制电路，三相电路是平衡制电路。

4.3.5   三相电路功率的测量

1. 三相四线制电路

三相四线制电路一般不对称，可采用三只功率表按图 4-39a 所示接线进行功率的测量。每只功率表测的是一相的有功功率，三相总有功功率为三只功率表指示值之和，这种方法称为三表法。

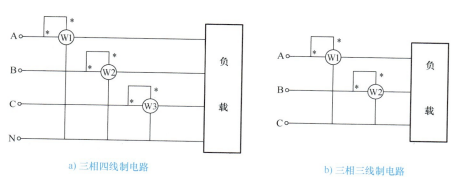

a) 三相四线制电路   b) 三相三线制电路

图 4-39   三相电路功率的测量

当三相四线制电路完全对称时，图 4-39a 所示的三只功率表的指示值完全相同。这时可只用其中的任何一只功率表测量，其指示值乘以 3 即得三相总有功功率。

2. 三相三线制电路

无论电路是否对称，也无论三相负载采用星形联结还是三角形联结，都可以采用两只功率表，按图 4-39b 接线测量三相三线制电路的有功功率，称为二表法。

图 4-39b 所示的接线仅仅是二表法中的一种接线方式。事实上，只要遵循以下原则接线都可以测量三相三线制电路的总有功功率：

① 两只功率表的电流线圈分别任意串入两根相线，通过电流线圈的电流为三相电路的线电流，电流线圈的"发电机端"（即标有"＊"端）必须接到电源侧。

② 两只功率表的电压线圈的"发电机端"必须接到该功率表电流线圈所在的那一相线，而两只功率表电压线圈的"非发电机端"必须同时接至未接入功率表电流线圈的相线上。

按照上述的接线原则，二表法有三种不同的接线方式。

例 4-5   在图 4-40 所示电路中，三相电动机的功率为 5kW，$\cos\varphi = 0.707$，电源的线电压为 380V，求图中

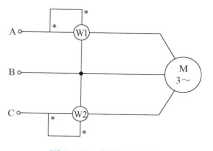

图 4-40   例 4-5 电路

两功率表的读数。

解 由 $P = \sqrt{3}\,U_1 I_1 \cos\varphi$ 可得线电流为

$$I_1 = \frac{P}{\sqrt{3}\,U_1\cos\varphi} = \frac{5\times10^3}{\sqrt{3}\times380\times0.707}\text{A} = 10.74\text{A}$$

设 $\dot{U}_{AB} = 380\angle0°$ V，则 $\dot{U}_A = 220\angle-30°$ V

因 $\cos\varphi = 0.707$，则 $\varphi = 45°$。φ 为相电压超前相电流的相位角，则有

$$\dot{I}_A = 10.74\angle-75°\text{ A}$$

由于三相电动机为对称三相负载，故有

$$\dot{I}_C = \dot{I}_A\angle120° = 10.74\angle(-75°+120°)\text{ A} = 10.74\angle45°\text{ A}$$

$$\dot{U}_{CB} = -\dot{U}_{BC} = -380\angle-120°\text{ V} = 380\angle60°\text{ V}$$

则功率表 W_1、W_2 读数分别为

$$P_1 = U_{AB}I_A\cos\varphi_1 = 380\times10.74\times\cos[0°-(-75°)]\text{W} = 1.06\text{kW}$$

$$P_2 = U_{CB}I_C\cos\varphi_2 = 380\times10.74\times\cos(60°-45°)\text{W} = 3.94\text{kW}$$

式中，φ_1、φ_2 为对应线电压与线电流的相位差。

本项目思维导图

三相正弦交流电路分析

三相对称电源

1 大小相等、频率相同、相位彼此相差120°的对称电源

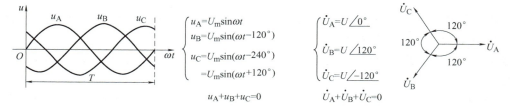

$$\begin{cases} u_A = U_m\sin\omega t \\ u_B = U_m\sin(\omega t - 120°) \\ u_C = U_m\sin(\omega t - 240°) \\ \quad = U_m\sin(\omega t + 120°) \end{cases}$$

$$u_A + u_B + u_C = 0$$

$$\begin{cases} \dot{U}_A = U\angle0° \\ \dot{U}_B = U\angle120° \\ \dot{U}_C = U\angle-120° \end{cases}$$

$$\dot{U}_A + \dot{U}_B + \dot{U}_C = 0$$

2 相序：三相交流电达到最大值的先后顺序；有正序(A—B—C)和负序(A—C—B)

三相负载的连接

1 星形(Y)联结

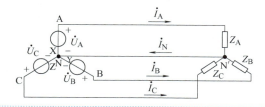

特点：$\dot{U}_l=\sqrt{3}\dot{U}_p\underline{/30°}$，$\dot{I}_l=\dot{I}_p$

计算

电压、电源

1) 公式：$\begin{cases}\dot{I}_p=\dfrac{\dot{U}_p}{Z_p}\\[2mm]\dot{I}_N=\dot{I}_A+\dot{I}_B+\dot{I}_C\end{cases}$

2) 若三相负载对称，可只计算单相，利用对称关系得到其他两相

功率

1) 公式：$\begin{cases}P=P_A+P_B+P_C\\Q=Q_A+Q_B+Q_C\\S=S_A+S_B+S_C\end{cases}$

2) 若三相负载对称：$\begin{cases}P=3U_pI_p\cos\varphi=\sqrt{3}\,U_lI_l\cos\varphi\\Q=3U_pI_p\sin\varphi=\sqrt{3}\,U_lI_l\sin\varphi\\S=3U_pI_p=\sqrt{3}\,U_lI_l\end{cases}$

★中性线

1) 负载对称：中性线可以省略，构成三相三线制

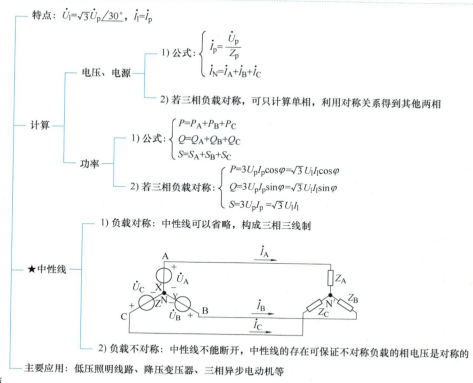

2) 负载不对称：中性线不能断开，中性线的存在可保证不对称负载的相电压是对称的

主要应用：低压照明线路、降压变压器、三相异步电动机等

2 三角形(△)联结

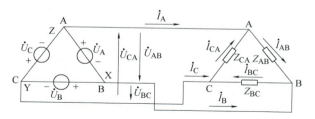

特点：$\dot{U}_l=\dot{U}_p$，$\dot{I}_l=\sqrt{3}\dot{I}_p\underline{/30°}$（负载对称）

计算

电压、电源

1) 公式：$\begin{cases}\dot{I}_p=\dfrac{\dot{U}_p}{Z_p}\\[1mm]\dot{I}_A=\dot{I}_{AB}-\dot{I}_{CA}\\\dot{I}_B=\dot{I}_{BC}-\dot{I}_{AB}\\\dot{I}_C=\dot{I}_{CA}-\dot{I}_{BC}\end{cases}$

2) 若三相负载对称，可只计算单相，利用对称关系得到其他两相

功率

1) 公式：$\begin{cases}P=P_A+P_B+P_C\\Q=Q_A+Q_B+Q_C\\S=S_A+S_B+S_C\end{cases}$

2) 若三相负载对称：$\begin{cases}P=3U_pI_p\cos\varphi=\sqrt{3}\,U_lI_l\cos\varphi\\Q=3U_pI_p\sin\varphi=\sqrt{3}\,U_lI_l\sin\varphi\\S=3U_pI_p=\sqrt{3}\,U_lI_l\end{cases}$

主要应用：三相异步电动机、电力变压器、变压输电线路等

3 总结：在对称三相电路中

(1) 星形联结：$U_l=\sqrt{3}\,U_p$，$I_l=I_p$

(2) 三角形联结：$U_l=U_p$，$I_l=\sqrt{3}\,I_p$

习　题

4-1 已知对称星形联结的三相电源，相序为 A—B—C，已知 A 相电压为 $u_A=220\sqrt{2}\sin(\omega t-60°)$V，试写出各线电压瞬时值表达式，并画出各相电压和线电压的相量图。

4-2 某一对称三相电源中，$\dot{U}_C=220\angle 60°$ V，（1）试写出 $\dot{U}_A$、$\dot{U}_B$；（2）写出 $u_A(t)$、$u_B(t)$、$u_C(t)$；（3）作相量图；（4）求 $t=T/4$ 时的各电压及各电压之和。

4-3 测得三角形联结负载的三个线电流均为 20A，能否说明线电流和相电流都是对称的？若已知负载对称，求相电流。

4-4 有一三相对称感性负载，每相负载的 $R=16\Omega$，$X_L=12\Omega$。若将此负载星形联结，接于线电压 $U_l=50$V 的对称三相电源上，试求相电压 U_p、相电流 I_p、线电流 I_l，并画出电压和电流的相量图。

4-5 将上题的三相负载采用三角形联结接于原来的三相电源上，试求负载的相电流和线电流，画出负载电压和电流的相量图，并将此题所得结果与上题结果加以比较，求得两种接法相应的电流之比。

4-6 某三相四线制电路中，有一组电阻性三相负载，电阻值分别为 $R_A=R_B=10\Omega$，$R_C=20\Omega$，三相电源对称，线电压为 380V，设电源的内阻、线路阻抗、中性线阻抗均为零，试求：（1）负载相电流及中性线电流；（2）中性线完好，C 相断线时的负载相电压、相电流及中性线电流；（3）C 相断线，中性线也断开时的负载相电压、相电流；（4）根据之前的计算结果说明中性线的作用。

4-7 在三相负载△联结的对称电路中，线电压为 380V，每相电阻为 5Ω，电抗为零，试求：（1）AB 相间负载断路；（2）A 相线断路时，负载上的相电压、相电流和线电流。

4-8 某三相异步电动机为三角形联结，线电压为 380V，电动机耗电功率 6.55kW，功率因数为 0.79，求电动机的相电流 I_p 和线电流 I_l。

4-9 已知某三相对称负载的每相电阻为 40Ω，电抗为 30Ω，试求在负载采用星形联结和三角形联结两种情况下，接入线电压为 380V 的三相对称电源时的线电流及负载所吸收的有功功率、无功功率和视在功率。

4-10 一电源对称的三相四线制电路，电源相电压 $u_A=311\sin(\omega t-60°)$V，电源线及中性线阻抗忽略不计，三相负载对称，$R=32\Omega$，$X=24\Omega$，试求线电流 I_l 及三相负载吸收的有功功率 P、无功功率 Q 及视在功率 S。

4-11 一台三相异步电动机接入线电压为 380V 的对称三相电源中，测得线电流为 202A，输入功率为 110kW，试求电动机的功率因数 $\cos\varphi$、无功功率 Q 及视在功率 S。

4-12 对称三相感性负载采用三角形联结，接入线电压为 380V 的三相电源中，总有功

功率为 2.4kW，功率因数为 0.6，试求线电流 I_1、负载的相电压 U_p、相电流 I_p 及每相负载的阻抗 $|Z|$。

4-13 某栋楼采用三相四线制电源供电。有一次照明线路发生故障，故障现象如下：第二层和第三层楼的所有照明灯突然都暗下来，并且第二层的照明灯比第三层的还要暗一些，而第一层楼的照明灯亮度不变，试问这栋楼的照明灯是如何连接的，画出电路图，并分析此故障的原因。

4-14 功率为 3.5kW、功率因数为 0.6 的对称三相电感性负载与线电压为 380V 的供电系统相连。（1）试求线电流 I_1；（2）负载为星形联结，求相阻抗 $|Z_p|$；（3）如负载为三角形联结，则相阻抗 $|Z_p|$ 为多少？

4-15 某星形联结的三相异步电动机，接入电压为 380V 的电网中。当电动机满载运行时，其额定输出功率为 10kW，效率为 0.9，线电流为 20A；当电动机轻载运行时，其输出功率为 2kW，效率为 0.6，线电流为 10.5A。试求上述两种情况下的功率因数。

4-16 某三角形联结的三相异步电动机，正常工作时，额定线电流为 2A，使用钳形电流表检测其通入三相交流电的线电流，问钳一根、钳两根和钳三根相线时，钳形电流表的读数各是多少？说明理由。

项目4
扫码练习

项目5　互感、磁路和交流铁心电路分析

学习目标

1）了解自感现象和互感现象。
2）理解互感线圈的同名端概念，掌握同名端的判别方法。
3）了解互感线圈的连接及其在实际中的应用。
4）了解磁路的概念，理解磁感应强度、磁通、磁通势、磁导率和磁场强度的概念。
5）掌握交流铁心线圈的原理及应用。
6）了解变压器的电压比、电流比及变压器阻抗变换的意义。

工作任务

1. 任务描述

三相异步电动机的运行监测。

2. 任务实施

监测某运行中的三相异步电动机，使用钳形电流表检测其通入三相交流电的线电流，如图 5-1 所示。查看三相电动机铭牌，选好钳表量程，打开钳表钳口，分别钳一根、钳两根和钳三根三相异步电动机的相线，将测量数据记录于表 5-1 中，根据数据判断电动机是否工作正常，并说明理由。

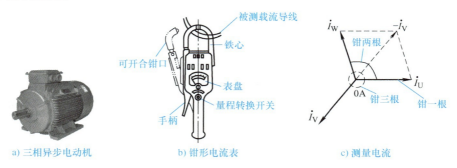

a) 三相异步电动机　　　　b) 钳形电流表　　　　c) 测量电流

图 5-1　钳形电流表检测三相异步电动机电流

表 5-1　数据表格

操作	电流/A
钳一根相线（U 相）	
钳一根相线（V 相）	
钳一根相线（W 相）	
钳两根相线	
钳三根相线	
三相异步电动机铭牌额定电流	

相关实践知识

　　目前，我国已超越美国成为全球第一大电网，变压器产能持续增长，而特高压变压器代表了世界电力变压器技术的最高水平。2018 年，首台发送端 ±1100kV 直流输电用换流变压器在我国特变电工股份有限公司试制成功，并一次性通过全部试验，彰显了变压器制造领域的"中国创造"和"中国引领"。

　　变压器是利用电磁感应原理制成的电气设备。变压器除了可以变换电压外，还可以变换电流、阻抗，虽然不同类型的变压器在结构上各有特点，但它们的基本结构和工作原理却大致相同。

1. 钳形电流表

　　（1）钳形电流表的工作原理及结构　钳形电流表（简称钳表）是基于电磁感应的原理，利用变压器变换电流作用工作的电流互感器，是变压器的典型应用。

　　钳形电流表有数字式和机械式两种，由电流表与电流互感器组成，电流表与电流互感器的二次侧接在一起，所测导线相当于一次绕组，如图 5-2 所示。

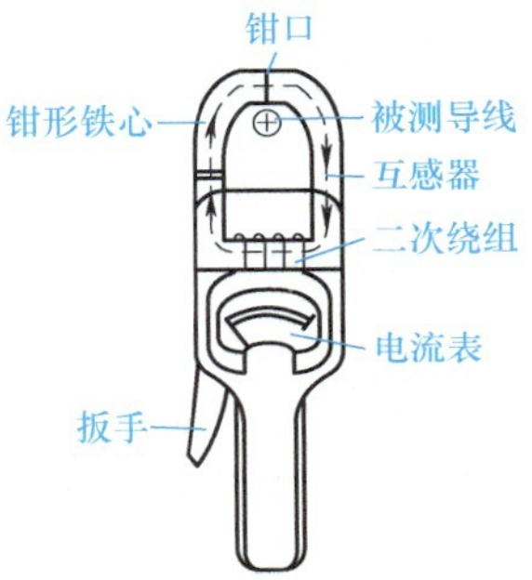

　　使用时，先把能自由开闭的电流互感器钳形铁心打开，将被测导线纳入钳口后再闭合，电流表就会指示出被测导线的电流数值。钳形电流表上配有量程转换开关，通过它可以改变电流表所接电流互感器二次绕组的匝数，从而改变钳表的量程。

图 5-2　钳形电流表的结构

　　（2）钳形电流表使用　以机械式钳形电流表为例。

　　1）用前检查。

　　① 外观检查。各部位应完好无损；钳把操作应灵活；钳形铁心应无锈、闭合应严密；铁心绝缘护套应完好；指针应能自由摆动；档位变换应灵活。

　　② 调整。将钳表平放，指针应指在零位，否则必须进行机械调零。

　　2）测量步骤。

　　① 选择适当的档位。若不知被测电流大小，可先置于电流最高档试测，根据试测情况决定是否需要降档测量；若已知被测电流大小，选用大于被测值且较接近的那一档。

　　② 测试人应戴手套，将表平端，张开钳口，使被测导线进入钳口后再闭合钳口。

钳表检测
方法

　　③ 读数：根据所使用的量程，在相应的刻度上读取读数。

　　3）注意事项。

　　① 若所测电流较小，使用钳表电流表最低档位也不易观测，可将导线在钳口铁心上缠绕几匝，闭合钳口后读取读数，所测导线电流值 = 读数 ÷ 匝数。

　　② 需换档测量时，应先将导线自钳口内退出，切换档位后再钳入导线测量。

　　③ 不可测量裸导体上的电流。

　　④ 测量时，注意与附近带电体保持安全距离，不要造成相间短路和相对地短路。

　　⑤ 使用完毕，将档位置于电流最高档。

2. 三相电动机在运行中的监测与维护

　　监视三相电动机运行时的电流，是在三相电动机运行中监测与维护的内容之一。其目的在于：

1）保持电动机在额定电流下工作。电动机在运行中可能会过载，其主要原因是拖动的负荷过大，电压过低，或被拖动的机械卡滞。

2）检查电动机三相电流是否平衡。三相异步电动机正常工作时，三相负载对称。因为三相电源对称，所以三相相电流对称，三相线电流也对称，如图 5-1c 所示，钳三根相线时，由 $\dot{I}_U + \dot{I}_V + \dot{I}_W = 0$，测得结果应为 0；钳两根相线（如 U 相、W 相），由 $\dot{I}_U + \dot{I}_W = -\dot{I}_V$，测得结果为一相线电流（V 相线电流负值）；钳一根相线（如 U 相）时，测得结果为一相线电流（U 相线电流）。

三相电动机电流的任何一相电流与其他两相电流平均值之差不允许超过 10%，这样才能保证电动机安全运行；如果超过 10%，则表明电动机有故障，必须查明原因及时排除。

⏩ 相关理论知识

前面已讨论过分析与计算各种电路的基本定律和基本方法，但是在很多电工设备中，不仅有电路的问题，同时还有磁路的问题，只有同时掌握了电路和磁路的基本理论，才能对各种电工设备进行全面分析。

在实际应用中，电与磁是密不可分的，变化的电场产生变化的磁场，变化的磁场产生变化的电场，磁场对其中的电场有力的作用。

5.1　互感和互感电压

前面已介绍，当通过电感线圈的电流变化时，其自身会产生感应电压，这种现象称为自感现象，产生的电压称为自感电压。如果在这个线圈的附近放置另外一个线圈，情况会怎样？下面分析这个问题。

5.1.1　互感现象

图 5-3 所示实验电路，两线圈 Ⅰ 和 Ⅱ 靠得很近，并且封装在一起，在线圈 Ⅰ 两端加电压源 U_S，在线圈 Ⅱ 两端接上电压表。当开关 S 闭合瞬间，由线圈 Ⅰ 构成的回路产生电流 i_1，同时电压表指针偏转；当开关 S 断开瞬间，电压表指针反向偏转。

实验说明，当线圈 Ⅰ 中的电流变化时，不但会在其自身产生感应电压，在线圈 Ⅱ 中也产生感应电压。

这种由于一个线圈中的电流变化在另一个线圈中产生感应电压的现象称为互感现象，产生的电压称为互感电压。

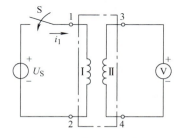

图 5-3　互感现象实验电路

5.1.2　互感电压

由于线圈 Ⅰ 中电流 i_1 的变化而在线圈 Ⅱ 中产生的互感电压记作 u_{21}，根据电磁感应定律

可知，其大小为

$$|u_{21}| = M\left|\frac{\mathrm{d}i_1}{\mathrm{d}t}\right| \qquad (5-1)$$

同理，由于线圈 Ⅱ 中电流 i_2 的变化而在线圈 Ⅰ 中产生的互感电压记作 u_{12}，其大小为

$$|u_{12}| = M\left|\frac{\mathrm{d}i_2}{\mathrm{d}t}\right| \qquad (5-2)$$

式中，比例常数 M 称为线圈 Ⅰ 和 Ⅱ 之间的互感系数，简称互感，国际单位是亨利，简称亨（H）。线圈之间的互感 M 是线圈的固有参数，它取决于两线圈的匝数、几何尺寸、相对位置和磁介质。

上述两线圈相互靠近，两者之间虽无电的联系，但有磁的联系。这种线圈之间的磁联系称为磁耦合，具有磁耦合的线圈称为耦合线圈。耦合线圈的耦合程度通常用耦合系数 k 来表示，k 定义为

$$k = \frac{M}{\sqrt{L_1 L_2}} \qquad (5-3)$$

k 的取值范围是

$$0 \leqslant k \leqslant 1$$

其中 $k=1$ 称为全耦合。

例 5-1　耦合线圈 $L_1 = 1\mathrm{H}$，$L_2 = 4\mathrm{H}$，耦合系数 $k = 0.2$，试求其互感。

解　根据式（5-3）可得

$$M = k\sqrt{L_1 L_2} = 0.2 \times \sqrt{1 \times 4}\,\mathrm{H} = 0.4\mathrm{H}$$

5.1.3　同名端

1. 同名端的定义

在工程中用到的两个或两个以上的具有磁耦合的线圈，常常需要知道互感电动势的极性，才能选择正确的连接方式。互感电动势的极性不仅与原磁通及其变化方向有关，还与线圈的绕向有关。尽管可以利用楞次定律来判断互感电动势的极性，但不方便，在实际应用中常利用标记同名端的方式来说明互感电动势的极性。

什么是同名端？同名端就是一对具有互感的线圈，极性始终相同的端子。极性始终相反的端子则称为异名端。

2. 同名端的判定

耦合线圈如何判断同名端？就是两个线圈分别通入电流，如果所产生的磁通方向相同，则两个线圈的电流流入端称为同名端（又称同极性端），反之为异名端。同名端用符号"•"或"＊"来标记。如图 5-4 所示，四个端子中必有两组同名端，把其中一组同名端标记出来，另一组同名端不需标明自然清楚。

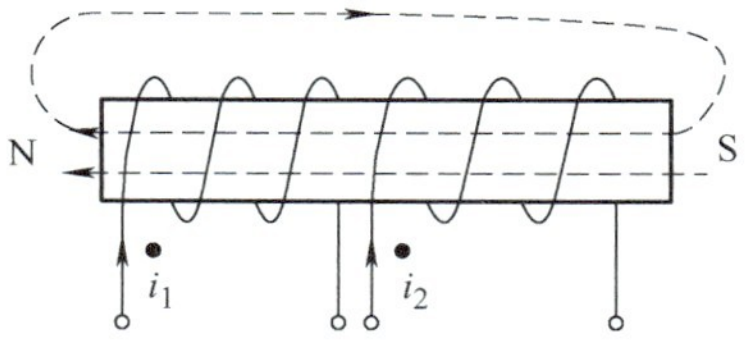

同名端总是成对出现的，如有两个以上的线圈彼此间都存在磁耦合，同名端应一对一对地加以标记，每一对须用不同的符号标出。

图 5-4　同名端的判定

例5-2 电路如图5-5所示，试判断同名端。

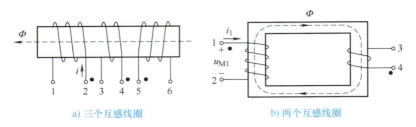

a) 三个互感线圈　　　　　　　b) 两个互感线圈

图 5-5　同名端的标记

解 图5-5a中，从左边线圈的端子"2"通入电流，由右手螺旋定则判定磁通方向指向左边；右边两个线圈中通过的电流要产生相同方向的磁通，则电流必须从端子"4"、端子"5"流入，因此判定2、4、5为同名端，1、3、6也为同名端。

同理，图5-5b中1、4为同名端，2、3也为同名端。

3. 互感线圈的电压与电流关系

如图5-6a所示，两个互感线圈的同名端确定后，可以写出线圈 Ⅰ 和 Ⅱ 的自感、互感电压的表达式。

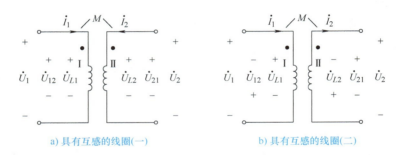

a) 具有互感的线圈(一)　　　　　　b) 具有互感的线圈(二)

图 5-6　互感线圈

自感电压的方向选取与电流的参考方向一致，线圈 Ⅰ 和 Ⅱ 的自感电压分别记作 u_{L1} 和 u_{L2}，则 u_{L1} 和 u_{L2} 的表达式为

$$u_{L1} = L_1 \frac{\mathrm{d}i_1}{\mathrm{d}t}$$

$$u_{L2} = L_2 \frac{\mathrm{d}i_2}{\mathrm{d}t}$$

当电流为正弦电流时，其相量形式为

$$\dot{U}_{L1} = \mathrm{j}\omega L_1 \dot{I}_1$$

$$\dot{U}_{L2} = \mathrm{j}\omega L_2 \dot{I}_2$$

互感电压方向的选取采用一致性的原则，即互感电压的参考方向与引起互感电压的电流的参考方向对同名端的指向保持一致。例如电流 i_1 从线圈 Ⅰ 的 "•" 端流入，线圈 Ⅱ 的 "•" 端就是由于 i_1 的变化在线圈 Ⅱ 中引起的互感电压的正极性端。则互感电压 u_{12} 和 u_{21} 的表达式为

$$u_{21} = M \frac{\mathrm{d}i_1}{\mathrm{d}t}$$

$$u_{12} = M \frac{\mathrm{d}i_2}{\mathrm{d}t}$$

同理，当电流为正弦电流时，其相量形式为

$$\dot{U}_{21} = \mathrm{j}\omega M \dot{I}_1$$

$$\dot{U}_{12} = \mathrm{j}\omega M \dot{I}_2$$

式中，$\omega M = X_M$ 称为互感抗，单位为 Ω。

根据 KVL，图 5-6a 所示电路中线圈 I 和 II 端口电压 $\dot{U}_1$ 和 $\dot{U}_2$ 的相量表达式分别为

$$\dot{U}_1 = \dot{U}_{L1} + \dot{U}_{12} = \mathrm{j}\omega L_1 \dot{I}_1 + \mathrm{j}\omega M \dot{I}_2$$

$$\dot{U}_2 = \dot{U}_{L2} + \dot{U}_{21} = \mathrm{j}\omega L_2 \dot{I}_2 + \mathrm{j}\omega M \dot{I}_1$$

同理，图 5-6b 所示电路中线圈 I 和 II 端口电压 $\dot{U}_1$ 和 $\dot{U}_2$ 的相量表达式分别为

$$\dot{U}_1 = \dot{U}_{L1} - \dot{U}_{12} = \mathrm{j}\omega L_1 \dot{I}_1 - \mathrm{j}\omega M \dot{I}_2$$

$$\dot{U}_2 = -\dot{U}_{L2} + \dot{U}_{21} = -\mathrm{j}\omega L_2 \dot{I}_2 + \mathrm{j}\omega M \dot{I}_1$$

通过以上分析可知，当互感现象存在时，一个线圈的电压不仅与流过线圈本身的电流有关，而且与相邻线圈的电流有关，即线圈的端口电压为自感电压和互感电压的代数和。

5.2　具有互感线圈的正弦交流电路分析

5.2.1　互感线圈的串联

1. 互感线圈的顺向串联

互感线圈的顺向串联是指两个互感线圈串联、异名端相连接的连接方式，如图 5-7 所示。

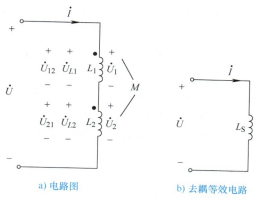

a) 电路图　　　　　　　b) 去耦等效电路

图 5-7　互感线圈的顺向串联

在正弦交流情况下，$\dot{U}_1$、$\dot{U}_2$ 和 $\dot{U}$ 的相量表达式为

$$\dot{U}_1 = \dot{U}_{L1} + \dot{U}_{12} = j\omega L_1 \dot{I} + j\omega M \dot{I}$$

$$\dot{U}_2 = \dot{U}_{L2} + \dot{U}_{21} = j\omega L_2 \dot{I} + j\omega M \dot{I}$$

$$\dot{U} = \dot{U}_1 + \dot{U}_2 = j\omega L_1 \dot{I} + j\omega M \dot{I} + j\omega L_2 \dot{I} + j\omega M \dot{I}$$

$$= j\omega(L_1 + L_2 + 2M)\dot{I}$$

$$= j\omega L_S \dot{I}$$

顺向串联后的等效电感为

$$L_S = L_1 + L_2 + 2M \tag{5-4}$$

2. 互感线圈的反向串联

互感线圈的反向串联是指两个互感线圈串联、同名端相连接的连接方式，如图 5-8 所示。

在正弦交流情况下，$\dot{U}_1$、$\dot{U}_2$ 和 $\dot{U}$ 的相量表达式为

$$\dot{U}_1 = \dot{U}_{L1} - \dot{U}_{12} = j\omega L_1 \dot{I} - j\omega M \dot{I}$$

$$\dot{U}_2 = \dot{U}_{L2} - \dot{U}_{21} = j\omega L_2 \dot{I} - j\omega M \dot{I}$$

$$\dot{U} = \dot{U}_1 + \dot{U}_2 = j\omega L_1 \dot{I} - j\omega M \dot{I} + j\omega L_2 \dot{I} - j\omega M \dot{I}$$

$$= j\omega(L_1 + L_2 - 2M)\dot{I}$$

$$= j\omega L_F \dot{I}$$

反向串联后的等效电感为

$$L_F = L_1 + L_2 - 2M \tag{5-5}$$

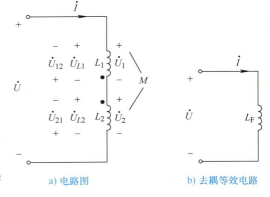

a) 电路图　　　　b) 去耦等效电路

图 5-8　互感线圈的反向串联

3. 互感线圈串联的应用

利用互感线圈串联的方法可以测定互感线圈的互感系数和同名端。由于互感线圈顺向串联与反向串联的等效电感不同，在同一电压的作用下，顺向串联时等效电感大而电流小，反向串联等效电感小而电流大。根据这一原理，可以通过实验的方法测定互感线圈的同名端。

图 5-9 所示为互感线圈同名端测定电路，在同一交流电压 U 的作用下，$I_1 < I_2$，说明图 5-9a 电路中的等效电感大于图 5-9b 电路中的等效电感，则图 5-9a 中两电感 L_1、L_2 为顺向串联，图 5-9b 中两电感 L_1、L_2 为反向串联，两线圈 1、3 为同名端，2、4 为同名端。

另外，根据式(5-4) 和式(5-5) 可以计算互感系数 M，即

$$L_S - L_F = (L_1 + L_2 + 2M) - (L_1 + L_2 - 2M) = 4M$$

所以有

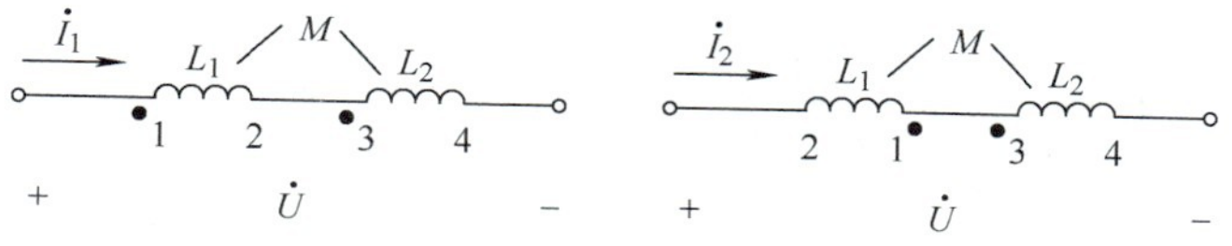

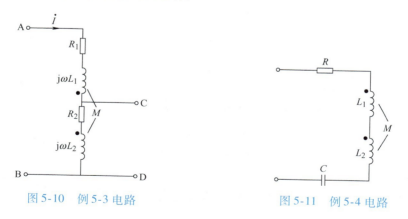

a) 顺向串联　　　　　　　　b) 反向串联

图 5-9 互感线圈同名端的测定

$$M = \frac{L_S - L_F}{4} \tag{5-6}$$

例 5-3 图 5-10 所示正弦交流电路中，已知 $R_1 = R_2 = 3\Omega$，$\omega M = 2\Omega$，$\omega L_1 = \omega L_2 = 6\Omega$，$\dot{U}_{AB} = 10 \angle 0°$ V，求开路电压 $\dot{U}_{CD}$ 为多少？

解 由图可知，互感线圈 L_1 和 L_2 为反向串联，所以有

$$\omega L_F = \omega(L_1 + L_2 - 2M) = 8\Omega$$

根据相量形式的 KVL 可得

$$\dot{U}_{AB} = (R_1 + R_2 + j\omega L_F)\dot{I}$$

$$\dot{I} = \frac{\dot{U}_{AB}}{R_1 + R_2 + j\omega L_F} = \frac{10\angle 0°}{3 + 3 + j8}A = \frac{10\angle 0°}{10\angle 53.1°}A = 1\angle -53.1° \text{ A}$$

故

$$\dot{U}_{CD} = \dot{I}(R_2 + j\omega L_2 - j\omega M) = 1\angle -53.1° \times (3 + j6 - j2) \text{ V}$$
$$= 1\angle -53.1° \times 5\angle 53.1° \text{ V}$$
$$= 5\angle 0° \text{ V}$$

例 5-4 图 5-11 所示电路中，已知 $R = 100\Omega$，$L_1 = 0.1H$，$L_2 = 0.4H$，$M = 0.2H$，谐振时的角频率 $\omega_0 = 10^6 \text{rad/s}$。试求谐振时的电容。

图 5-10　例 5-3 电路

图 5-11　例 5-4 电路

解 由图可知，互感线圈 L_1 和 L_2 为顺向串联，所以有

$$L_S = L_1 + L_2 + 2M = 0.9H$$

当电路发生谐振时，有

$$\omega_0 L_S = \frac{1}{\omega_0 C}$$

故

$$C = \frac{1}{\omega_0^2 L_S} = \frac{1}{10^{12} \times 0.9} \text{F} = 1.11 \times 10^{-12} \text{F} = 1.11 \text{pF}$$

5.2.2 互感线圈的并联

1. 互感线圈的同侧并联

图 5-12a 所示为互感线圈的同侧并联电路,即两个互感线圈的同名端并联。根据 KCL 和 KVL 可得

$$\dot{I} = \dot{I}_1 + \dot{I}_2$$

$$\dot{U} = \dot{U}_{L1} + \dot{U}_{12} = j\omega L_1 \dot{I}_1 + j\omega M \dot{I}_2 \qquad (5\text{-}7)$$

$$\dot{U} = \dot{U}_{L2} + \dot{U}_{21} = j\omega L_2 \dot{I}_2 + j\omega M \dot{I}_1$$

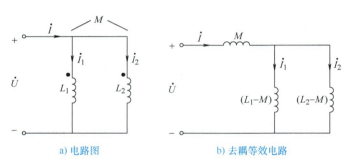

a) 电路图　　　　　　　　　　b) 去耦等效电路

图 5-12　互感线圈的同侧并联

根据式(5-7) 可得

$$\dot{U} = j\omega L_1 \dot{I}_1 + j\omega M \dot{I}_2 = j\omega L_1 \dot{I}_1 + j\omega M (\dot{I} - \dot{I}_1) = j\omega (L_1 - M) \dot{I}_1 + j\omega M \dot{I}$$

$$\dot{U} = j\omega L_2 \dot{I}_2 + j\omega M \dot{I}_1 = j\omega L_2 \dot{I}_2 + j\omega M (\dot{I} - \dot{I}_2) = j\omega (L_2 - M) \dot{I}_2 + j\omega M \dot{I} \qquad (5\text{-}8)$$

根据式(5-8) 可画出图 5-12a 的去耦等效电路,如图 5-12b 所示。按照等效的概念和等效电路图,可以求出两个互感线圈同侧并联时的等效电感为

$$L_T = \frac{L_1 L_2 - M^2}{L_1 + L_2 - 2M} \qquad (5\text{-}9)$$

2. 互感线圈的异侧并联

图 5-13a 所示为互感线圈的异侧并联电路,即两个互感线圈的异名端并联。根据 KCL 和 KVL 可得

$$\dot{I} = \dot{I}_1 + \dot{I}_2$$

$$\dot{U} = \dot{U}_{L1} - \dot{U}_{12} = j\omega L_1 \dot{I}_1 - j\omega M \dot{I}_2 \qquad (5\text{-}10)$$

$$\dot{U} = \dot{U}_{L2} - \dot{U}_{21} = j\omega L_2 \dot{I}_2 - j\omega M \dot{I}_1$$

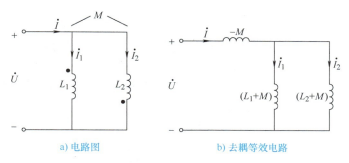

a) 电路图　　　　　　　　　　　b) 去耦等效电路

图 5-13　互感线圈的异侧并联

根据式(5-10) 可得

$$\dot{U} = j\omega L_1 \dot{I}_1 - j\omega M \dot{I}_2 = j\omega L_1 \dot{I}_1 - j\omega M(\dot{I} - \dot{I}_1) = j\omega(L_1 + M)\dot{I}_1 - j\omega M \dot{I}$$

$$\dot{U} = j\omega L_2 \dot{I}_2 - j\omega M \dot{I} = j\omega L_2 \dot{I}_2 - j\omega M(\dot{I} - \dot{I}_2) = j\omega(L_2 + M)\dot{I}_2 - j\omega M \dot{I}$$

(5-11)

根据式(5-11) 可画出图 5-13a 的去耦等效电路，如图 5-13b 所示。按照等效的概念和等效电路图，可以求出两个互感线圈异侧并联时的等效电感为

$$L_Y = \frac{L_1 L_2 - M^2}{L_1 + L_2 + 2M}$$

(5-12)

显然，同侧并联时，耦合电感并联的等效电感较大。因此，将耦合电感并联时，必须注意同名端。

5.3　磁路和磁性材料的磁性能

5.3.1　磁路的基本概念

磁场是一种既看不见又摸不着的特殊的物质，主要来自于磁体、载流导体或通电线圈。磁场不仅有方向，且具有力的效应，即磁场和磁场之间存在着相互作用，对处于磁场中的载流导体有力的作用。

1. 磁场的基本物理量

磁场的特性可用下列几个基本物理量来描述。

（1）磁感应强度　磁感应强度是描述磁场中某一点磁场的强弱和方向的物理量，用矢量 **B** 表示，其大小的定义式为

$$B = \frac{F}{IL}$$

(5-13)

磁感应强度的大小用磁力线的疏密来表示，方向用通过该点磁场的方向来表示，国际单位是特斯拉，简称特（T）。

如果磁场内各点的磁感应强度的大小相等，方向相同，这样的磁场称为均匀磁场。

（2）磁通　在磁场中，磁感应强度和在它垂直方向的某一横截面面积的乘积称为磁通，用符号 **Φ** 来表示，其大小为

$$\Phi = BS \tag{5-14}$$

在国际单位制中，磁通的单位是韦伯，简称韦（Wb），$1\mathrm{Wb} = 1\mathrm{T} \times 1\mathrm{m}^2$。

由式(5-14)可以看出，磁感应强度可看成是通过单位面积的磁通，所以磁感应强度 **B** 又叫磁通密度。

（3）磁导率　磁导率是一个用来表示磁场媒质磁性、衡量物质导磁能力的物理量，用符号 μ 来表示，单位是亨每米（H/m）。

由实验测出，真空的磁导率是一个常数，为

$$\mu_0 = 4\pi \times 10^{-7}\mathrm{H/m}$$

而其他介质的磁导率一般用与真空磁导率的倍数来表示，记为 μ_γ，称为相对磁导率，即

$$\mu_\gamma = \frac{\mu}{\mu_0} \tag{5-15}$$

相对磁导率越大，介质的导磁性能越好。

自然界的所有物质按相对磁导率的大小不同，可分为磁性材料和非磁性材料两大类，前者相对磁导率很大，如铁及它的合金，广泛应用于电力技术（如变压器、各种电工仪表设备）及国防技术（如磁性水雷、电磁炮）等领域；后者相对磁导率很小，如空气、铜等。表5-2给出了几种常见材料的相对磁导率。

表5-2　几种常见材料的相对磁导率

物 质 名 称	相对磁导率 μ_γ	物 质 名 称	相对磁导率 μ_γ
镍	1120	软铁	2180
硅钢片	7000 ~ 10000	镍铁合金	60000
空气	1.000	钴	174

（4）磁场强度　在任何磁介质中，磁场中某点的磁感应强度与同一点的磁导率的比值称为该点的磁场强度，用符号 **H** 来表示，其大小为

$$H = \frac{B}{\mu} \tag{5-16}$$

在国际单位制中，磁场强度的单位是安每米（A/m）。磁场内某一点的磁场强度 **H** 只与电流大小、线圈匝数以及该点的位置有关，而与磁场媒质的磁性（μ）无关。但磁感应强度是与磁场媒质的磁性有关的，当磁场媒质是非磁性材料时，$B = \mu_0 H$，B 与 H 成正比，即它们之间为线性关系，如图5-14所示。

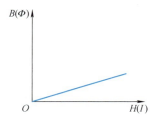

图5-14　B 与 H 成正比

2. 磁路及其基本定律

在实际应用中，为了使较小的励磁电流产生足够大的磁通（或磁感应强度），在电机、变压器及各种铁磁中常用磁性材料做成一定形状的铁心。铁心的磁导率比周围空气或其他物质的磁导率高得多，因此磁通的绝大部分经过铁心而形成一个闭合通路。这种构成磁通的路径，称为磁路。图5-15所示为交流接触器的磁路，磁通经过铁心（磁路的主要部分）和空气隙（有的磁路中没有空气隙）而闭合。

磁路和电路有很多相似之处，但分析与处理磁路比电路难得多。对磁路进行分析与计算，也要用到一些基本定律，其中最基本的是磁路的欧姆定律，即

$$\Phi = \frac{F}{R_\mathrm{m}} = \frac{NI}{\dfrac{l}{\mu S}} \qquad\qquad (5\text{-}17)$$

式中，F 为磁通势，$F = NI$，其单位为安匝（A·匝），即由此而产生磁通；I 为通以线圈的电流（A）；N 为线圈的匝数

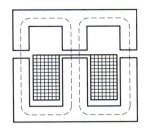

图 5-15　交流接触器的磁路

（匝）；R_m 为磁阻，$R_\mathrm{m} = \dfrac{l}{\mu S}$，其单位为亨利（H），是表示磁路对磁通具有阻碍作用的物理量，l 为磁路的平均长度（m），S 为磁路的截面积（m^2）。

5.3.2　磁性材料的磁性能

磁性材料在工程上应用非常广泛，主要指铁、镍、钴及其合金。它们具有下列磁性能。

1. 高导磁性

磁性材料的磁导率很高，$\mu_\gamma \geqslant 1$，相对磁导率可达数百、数千乃至数万，这就使它们具有被强烈磁化（呈现磁性）的特性。

磁性材料之所以具有被磁化的特性，是因为磁性材料不同于其他材料，它有其内部特殊性。磁性材料的分子中由于电子环绕原子核运动和本身自转运动而形成分子电流，分子电流也要产生磁场，每个分子相当于一个基本小磁铁。同时，在其内部还分成许多小区域，由于磁性材料的分子间有一种特殊的作用力而使每一区域内的分子磁铁都排列整齐，显示磁性，这些小区域称为磁畴。在没有外磁场的作用时，各个磁畴排列杂乱无章，磁场相互抵消，对外不显磁性，如图 5-16a 所示。有外磁场作用时，其中的磁畴就顺外磁场方向转向，显示出磁性来。随着外磁场的增强，磁畴就逐渐转到与外磁场相同的方向上，如图 5-16b 所示。这样就产生了很强的与外磁场同方向的磁化磁场，而使磁性材料内的磁感应强度大大增加，即磁性材料被强烈地磁化了。

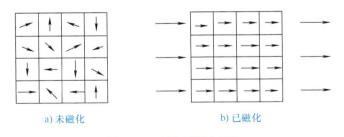

a) 未磁化　　　　　　　　　　　b) 已磁化

图 5-16　磁性材料的磁化

磁性材料的这一磁性能被广泛地应用于电工设备中，例如电机、变压器及各种铁磁元件的线圈中都放有铁心。在这种具有铁心的线圈中通入不大的励磁电流，便可产生足够大的磁通和磁感应强度。这就解决了既要磁通大，又要励磁电流小的矛盾。利用优质的磁性材料可使同一容量的电机的重量和体积大大减轻和减小。

非铁磁材料不具有磁畴的结构，所以不具有磁化特性。

2. 磁饱和性

磁性材料由于磁化所产生的磁化磁场不会随着外磁场的增强而无限地增强。当外磁场（或励磁电流）增大到一定值时，全部磁畴的磁场方向都转至与外磁场的方向一致，此时磁化磁场的磁感应强度 B_j 达到饱和，如图 5-17 所示。

图 5-17 中的 B_0 是在外磁场作用下磁场内不存在磁性材料时的磁感应强度，将 B_j 曲线和 B_0 直线相叠加，便可得 $B-H$ 磁化曲线。通常在电工设备的铁心中，B 与 H 的工作值通常取在图 5-17 的 ab 段，这样既不会使铁心处于饱和状态，又能提高铁磁材料的利用率。

当有磁性材料存在时，B 与 H 不成正比，所以磁性材料的磁导率 μ 不是常数，而是随 H 变化，如图 5-18 所示。由于磁通 Φ 与 B 成正比，产生磁通的励磁电流 I 与 H 成正比，因此在存在磁性材料的情况下，Φ 与 I 也不成正比。

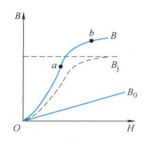

图 5-17　磁化曲线

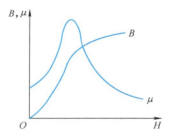

图 5-18　B、μ 与 H 的关系

3. 磁滞性

实际工作中，铁磁材料在交变的磁场中会反复磁化。在电流变化时，磁感应强度 B 的变化总是滞后于磁场强度 H 的变化，这种现象称为铁磁材料的磁滞现象，磁滞回线如图 5-19 所示。

由图 5-19 可见，当 H 减小时，B 也随之减小，但当 $H=0$ 时，B 并未回到零值，而是 $B=B_r$，B_r 称为剩磁感应强度，简称剩磁。永久磁铁的磁性就是由剩磁产生的。要使铁心的剩磁消失，通常需要改变线圈中励磁电流的方向，使铁磁材料反向磁化，也就是使磁场强度为 $-H_c$。使 $B=0$ 的磁场强度 H_c 称为矫顽磁力，它表示铁磁材料反抗退磁的能力。

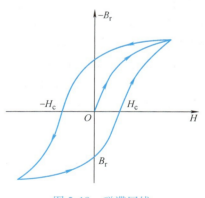

图 5-19　磁滞回线

按磁性材料的磁性能不同，磁性材料可以分成三种类型：

（1）软磁材料　具有较小的矫顽磁力，磁滞回线较窄，一般用来制造电机、电器及变压器等的铁心。常用的有铸铁、硅钢、坡莫合金及铁氧体等。

（2）硬磁材料　具有较大的矫顽磁力，磁滞回线较宽，一般用来制造永久磁铁。常用的有碳钢及铁镍铝钴合金等。

（3）矩磁材料　具有较小的矫顽磁力和较大的剩磁，磁滞回线接近矩形，稳定性良好。在计算机和控制系统中可用作记忆元件、开关元件和逻辑元件。常用的有镁锰铁氧体及 1J51 型铁镍合金等。

5.4 交流铁心线圈电路

5.4.1 交流铁心线圈

线圈可分为空心线圈和铁心线圈，由于空气的磁导率较小，所以空心线圈是一种电感量不大的线性电感元件。在电气工程上，为了获得较大的电感量，常在线圈中插入铁心，这种线圈称为铁心线圈。

铁心线圈可分为直流铁心线圈和交流铁心线圈。直流铁心线圈较为简单，因为直流铁心线圈中通过直流电来励磁，产生的磁通是恒定的，在铁心中不会产生感应电动势。因此，励磁电流的大小仅由线圈两端电压及线圈电阻决定，功率损耗也只与电流和电阻有关。常用的有直流电机的励磁线圈、电磁吸盘及各种直流电器的线圈等。而交流铁心线圈在电磁关系、电压电流关系及功率损耗等几个方面和直流铁心线圈是有所不同的。

1. 电磁关系

图 5-20 所示为铁心线圈交流电路，磁通势 Ni 产生的磁通绝大部分通过铁心而闭合，这部分磁通称为主磁通或工作磁通 Φ，此外还有很少一部分磁通主要经过空气或其他非导磁媒质而闭合，这部分磁通称为漏磁通 Φ_σ。这两个磁通在线圈中产生两个感应电动势：主磁感应电动势 e 和漏磁感应电动势 e_σ。

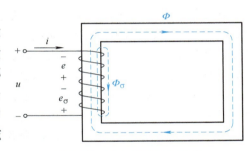

图 5-20 铁心线圈交流电路

由于漏磁通主要不经过铁心，所以励磁电流 i 与 Φ_σ 之间可以认为为线性关系，铁心线圈的漏磁电感为

$$L_\sigma = \frac{N\Phi_\sigma}{i} = 常数$$

而主磁通通过铁心，所以 i 与 Φ 之间不存在线性关系。铁心线圈的主磁电感 L 不是一个常数，铁心线圈是一个非线性电感。

2. 电压电流关系

图 5-20 所示铁心线圈交流电路的电压和电流之间的关系可由基尔霍夫电压定律得出，即

$$u = Ri - e_\sigma - e \tag{5-18}$$

当 u 是正弦电压时，式中各量可视作正弦量，于是上式可用相量表示为

$$\dot{U} = R\dot{I} + (-\dot{E}_\sigma) + (-\dot{E}) = R\dot{I} + jX_\sigma\dot{I} + (-\dot{E}) \tag{5-19}$$

式中，漏磁感应电动势 $\dot{E}_\sigma = -jX_\sigma\dot{I}$，其中 $X_\sigma = \omega L_\sigma$ 称为漏磁感抗，它是由漏磁通引起的；R 是铁心线圈的电阻。

设主磁通 $\Phi = \Phi_m\sin\omega t$，则主磁感应电动势为

$$e = -N\frac{\mathrm{d}\Phi}{\mathrm{d}t} = -N\frac{\mathrm{d}(\Phi_\mathrm{m}\sin\omega t)}{\mathrm{d}t} = -N\omega\Phi_\mathrm{m}\cos\omega t \tag{5-20}$$

$$= 2\pi fN\Phi_\mathrm{m}\sin(\omega t - 90°) = E_\mathrm{m}\sin(\omega t - 90°)$$

式中，E_m 是主磁感应电动势 e 的幅值，$E_\mathrm{m} = 2\pi fN\Phi_\mathrm{m}$，其有效值则为

$$E = \frac{E_\mathrm{m}}{\sqrt{2}} = \frac{2\pi fN\Phi_\mathrm{m}}{\sqrt{2}} = 4.44fN\Phi_\mathrm{m} \tag{5-21}$$

通常由于线圈的电阻 R 和漏磁感抗 X_σ（或漏磁通 Φ_σ）较小，因而两者的电压降也较小，与主磁感应电动势比较起来可以忽略不计，所以有

$$\dot{U} \approx -\dot{E}$$

$$U \approx E = 4.44fN\Phi_\mathrm{m} \tag{5-22}$$

3. 功率损耗

在交流铁心线圈中，除了线圈电阻 R 上有功率损耗（即铜损）外，处于交变磁化下的铁心中也有功率损耗（即铁损），铁损是由磁滞损耗和涡流损耗产生的。

在交流磁场中，铁心被反复磁化，磁性材料内部的磁畴反复取向排列产生功率损耗，并使铁心发热，这种损耗就是磁滞损耗。可以证明，当交流电的频率一定时，磁滞损耗与铁心磁感应强度最大值的二次方成正比，即磁滞损耗与磁滞回线所包围的面积成正比。用硅钢片叠成的铁心的磁滞回线所包围的面积狭小，其磁滞损耗较小。

磁性材料的铁心既能导磁又能导电，当铁心中有交变的磁通穿过时，在铁心中也会产生绕着铁心中心线呈漩涡状流动的感应电流，称之为涡流，如图 5-21a 所示。涡流的存在使铁心发热，造成功率损耗，这种损耗称为涡流损耗。

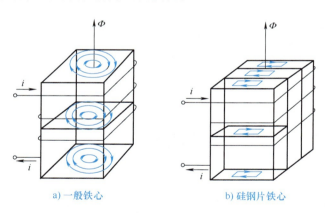

a) 一般铁心   b) 硅钢片铁心

图 5-21 涡流

为了减小涡流损耗，交流磁路的铁心用彼此绝缘的硅钢片叠压而成，如图 5-21b 所示，使涡流只能在每片很小的截面内流动，再加上铁心的电阻很大，从而大大减小了涡流和涡流损耗。交流电磁铁的铁心由硅钢片叠成，并装有短路环以减弱振动。交流电磁铁的励磁电流是交变的，它所产生的磁场也是交变的，因此电磁力的大小也是交变的。

涡流有有害的一面，但在另外一些场合也有有利的一面。例如利用涡流的热效应来冶炼金属，利用涡流和磁场相互作用而产生电磁力的原理来制造感应式仪器、滑差电机及涡流测距器等。

5.4.2　电磁铁

电磁铁是利用通电的铁心线圈吸引衔铁或保持某种机械零件、工件于固定位置的一种电器。其工作原理是用电磁铁衔铁的动作带动其他机械装置运动，产生机械联动，实现控制要求。

根据使用电源的类型不同，电磁铁分为直流电磁铁和交流电磁铁。直流电磁铁用直流电源励磁；交流电磁铁用交流电源励磁。直流电磁铁的磁通不变，无铁损，铁心用整块软钢制成；交流电磁铁中，为了减少铁耗，铁心由钢片叠成。

常见电磁铁的结构如图 5-22 所示。

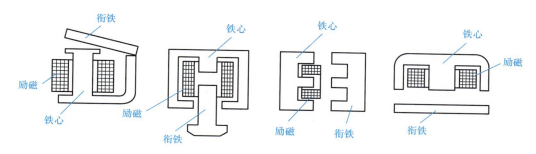

图 5-22　常见电磁铁的结构

5.5　理想变压器

5.5.1　理想变压器的定义

变压器是一种常见的电气设备，在电力系统和电子电路中应用广泛。它是利用互感耦合来实现从一个电路向另外一个电路传递能量或信号的器件。

变压器的一般结构如图 5-23 所示，它由闭合铁心和一次绕组、二次绕组等几个主要部分构成。变压器的原理如图 5-24 所示，与电源相连的称为一次绕组，与负载相连的称为二次绕组，一、二次绕组的匝数分别为 N_1 和 N_2。

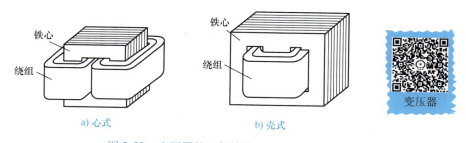

a) 心式　　　　　　　　b) 壳式

图 5-23　变压器的一般结构

实际变压器的一次绕组接交流电压 u_1 时，一次绕组中便有电流 i_1 通过。一次绕组的磁通势 $N_1 i_1$ 产生的磁通绝大部分通过铁心而闭合，从而在二次绕组中感应出电动势。如果二次绕组接有负载，那么二次绕组中就有电流 i_2 通过。二次绕组的磁通势 $N_2 i_2$ 也产生磁通，其

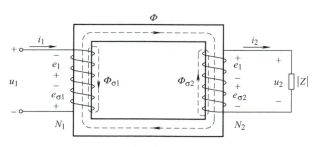

图 5-24 变压器的原理

绝大部分也通过铁心闭合。因此，铁心中的磁通是一个由一次、二次绕组的磁通势共同产生的合成磁通，称为主磁通，用 Φ 来表示。主磁通穿过一次绕组和二次绕组而在其中感应出的电动势分别为 e_1 和 e_2。此外，一次、二次绕组的磁通势还分别产生漏磁通 $\Phi_{\sigma1}$ 和 $\Phi_{\sigma2}$（仅与本绕组相链），从而在各自的绕组中产生漏磁感应电动势 $e_{\sigma1}$ 和 $e_{\sigma2}$。

理想变压器是实际变压器的理想化模型，满足以下条件可认为是理想变压器：

1）变压器的全部磁通都闭合在铁心中，即无漏磁通。

2）变压器工作时，其本身不消耗功率，既无铁损，也无铜损。

3）铁心材料的磁导率趋于无穷大，产生磁通的磁化电流趋近于零，可以忽略不计。

理想变压器的电路示意图如图 5-25 所示。

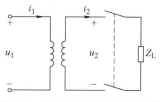

图 5-25 理想变压器电路示意图

5.5.2 理想变压器的作用

1. 电压变换

如图 5-25 所示，根据理想变压器的条件可知，一次电压、二次电压分别为

$$u_1 = N_1 \frac{\mathrm{d}\Phi}{\mathrm{d}t}$$

$$u_2 = N_2 \frac{\mathrm{d}\Phi}{\mathrm{d}t}$$

由以上两式可得

$$\frac{u_1}{u_2} = \frac{N_1}{N_2} = K \tag{5-23}$$

式中，$K = \dfrac{N_1}{N_2}$ 为变压器一次、二次绕组的匝数比，称为变压器的电压比或变换系数。可见变压器一次、二次绕组的端电压与它们的匝数成正比。

当 $K > 1$ 时，$u_1 > u_2$，为降压变压器；当 $K < 1$ 时，$u_1 < u_2$，为升压变压器；当 $K = 1$ 时，$u_1 = u_2$，为隔离变压器。

2. 电流变换

由于理想变压器没有有功功率的损耗，又无磁化所需的无功功率，所以一次、二次绕组的视在功率相同，因此有

$$U_1 I_1 = U_2 I_2$$

$$\frac{I_1}{I_2} = \frac{U_2}{U_1} = \frac{N_2}{N_1} = \frac{1}{K} \tag{5-24}$$

可见理想变压器的一次、二次电流与它们的匝数成反比。

3. 阻抗变换

从一次绕组的输入端看，理想变压器的输入阻抗为

$$Z_i = \frac{\dot{U}_1}{\dot{I}_1} = \frac{K\dot{U}_2}{\frac{1}{K}\dot{I}_2} = K^2 Z_L \tag{5-25}$$

可见，理想变压器的二次绕组接有负载阻抗 Z_L 时，对电源来说，变压器可等效为阻抗 $K^2 Z_L$。利用变压器的阻抗变换作用可构成阻抗变压器，实现阻抗匹配。

例 5-5 单相变压器的电源电压 $U_1 = 220\text{V}$，二次绕组的开路电压 $U_2 = 12\text{V}$，一次绕组的匝数 $N_1 = 1760$ 匝，计算二次绕组的匝数 N_2。若要改制成二次绕组的开路电压 $U'_2 = 18\text{V}$，二次绕组的匝数 N'_2 应为多少?

解 据题意，根据式(5-23) 可得

$$N_2 = \frac{N_1 U_2}{U_1} = \frac{1760 \times 12}{220}\text{匝} = 96 \text{ 匝}$$

若要改制成二次绕组的开路电压 $U'_2 = 18\text{V}$，则

$$N'_2 = \frac{N_1 U'_2}{U_1} = \frac{1760 \times 18}{220}\text{匝} = 144 \text{ 匝}$$

例 5-6 一理想变压器一次、二次绕组的匝数分别为 1000 匝和 50 匝，一次绕组电流为 0.1A，负载电阻 R_L 为 100Ω，试求一次绕组的电压和负载获得的功率。

解 据题意，根据式(5-24) 可得

$$I_2 = \frac{N_1 I_1}{N_2} = \frac{1000 \times 0.1}{50}\text{A} = 2\text{A}$$

所以有

$$U_2 = I_2 R_L = 2 \times 100\text{V} = 200\text{V}$$

根据式(5-23) 可得

$$U_1 = \frac{N_1 U_2}{N_2} = \frac{1000 \times 200}{50}\text{V} = 4000\text{V}$$

负载获得的功率为

$$P = I_2^2 R_L = 2^2 \times 100\text{W} = 400\text{W}$$

例 5-7 某晶体管收音机的输出变压器原来接的是 8Ω 的扬声器，现改接 4Ω 的扬声器，已知输出变压器的一次绕组匝数为 $N_1 = 230$ 匝，二次绕组匝数为 $N_2 = 80$ 匝。若一次绕组匝数不变，则二次绕组的匝数应改成多少才能实现阻抗匹配?

解 改接前电路是匹配的，即

$$Z_i = K^2 Z_L = \frac{N_1^2}{N_2^2} Z_L$$

改接后，一次绕组匝数不变，现二次绕组阻抗变为 Z'_L，则二次绕组匝数应变为 N'_2，即

$$Z_i = K'^2 Z_L = \frac{N_1^2}{N'^2_2} Z'_L$$

所以有

$$\frac{N_1^2}{N_2^2}Z_{\mathrm{L}} = \frac{N_1^2}{N_2'^2}Z_{\mathrm{L}}'$$

故

$$N_2' = \sqrt{\frac{Z_{\mathrm{L}}'}{Z_{\mathrm{L}}}}N_2 = \sqrt{\frac{4}{8}}\times 80\text{ 匝} = 57\text{ 匝}$$

本项目思维导图

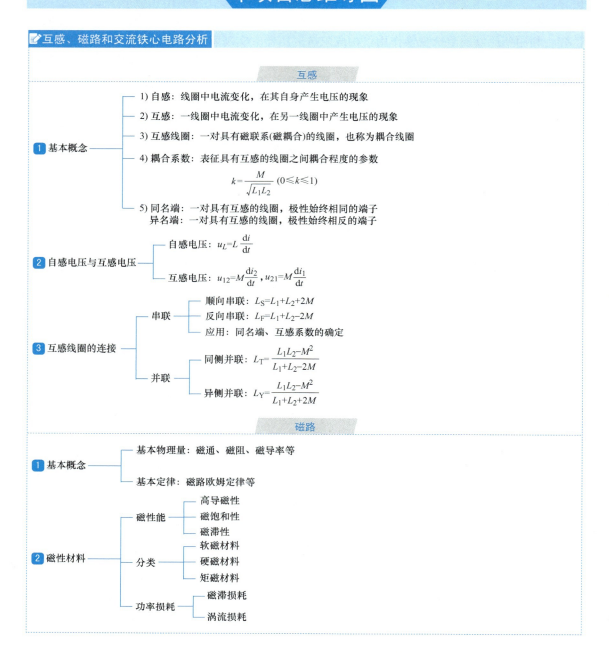

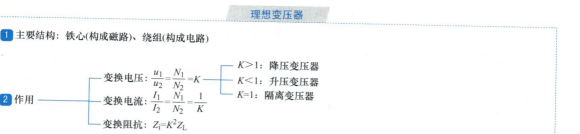

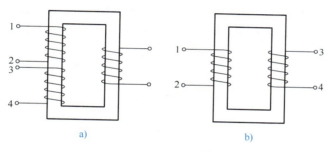 习　题

5-1　耦合线圈 $L_1 = 1\mathrm{H}$，$L_2 = 4\mathrm{H}$，耦合系数 $k = 0.2$，试求其互感。

5-2　具有互感的线圈如图 5-26 所示，试标出它们的同名端。

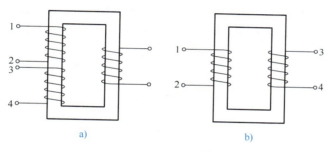

图 5-26　习题 5-2 电路

5-3　一互感线圈如图 5-27 所示，已知互感系数 $M = 0.01\mathrm{H}$，电流 $i_1 = 5\sin(314t - 30°)\mathrm{A}$，试求电压 u_2。

5-4　图 5-28 所示电路中，已知 $R_1 = 100\Omega$，$L_1 = 0.1\mathrm{H}$，$L_2 = 0.4\mathrm{H}$，$k = 0.5$，$C = 10\mathrm{pF}$，求谐振时的频率 f_0。

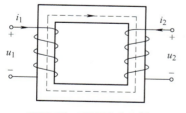

图 5-27　习题 5-3 电路

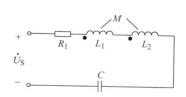

图 5-28　习题 5-4 电路

5-5　现用 $U = 220\mathrm{V}$、$f = 50\mathrm{Hz}$ 的正弦交流电对一对互感线圈的互感系数进行测量：当顺接时，测得电流为 2.5A，功率为 62.5W；反接时，测得电流为 5A，功率为 250W。求互感系数 M。

5-6　什么是磁滞损耗和涡流损耗？引起这些损耗的原因有哪些？

5-7　变压器由哪几部分组成？各部分的作用是什么？

5-8　变压器的铁心为什么要用硅钢片叠装？

5-9　一台变压器的一次绕组的匝数为1200匝，电压为380V。要在二次绕组上获得36V的机床安全照明电压，求二次绕组的匝数。

5-10　单相变压器的容量 $S_N = 40 \text{kV} \cdot \text{A}$，额定电压是3300/230V。计算：

（1）变压器的电压比 K；

（2）一、二次绕组的额定电流 I_{1N} 和 I_{2N}。

5-11　有一台单相照明变压器，容量为 $10 \text{kV} \cdot \text{A}$，电压为380/220V。

（1）欲在二次绕组接上"220V，40W"的白炽灯，最多可以接多少盏？计算此时的一次、二次绕组工作电流。

（2）欲在二次绕组接功率因数为0.44、电压为220V、功率为40W的荧光灯（每盏灯附有功率损耗为8W的镇流器），最多可以接多少盏？

5-12　某晶体管收音机原来接的是 4Ω 的扬声器，现改接 8Ω 的扬声器，已知输出变压器的一次绕组匝数为 $N_1 = 500$ 匝，二次绕组匝数为 $N_2 = 120$ 匝。若一次绕组匝数不变，则二次绕组的匝数应改成多少才能实现阻抗匹配？

5-13　电路如图5-29所示，若想使电阻 $R_L = 8\Omega$ 的负载获得最大功率，则该理想变压器的匝数比应为多少？负载能获得的最大功率是多少？

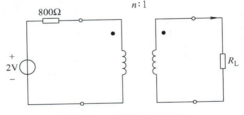

图5-29　习题5-13电路

5-14　钳形电流表（如图5-30所示）是变压器的典型应用，简述其原理。

5-15　使用钳形电流表测量较小电流时，为了读数较准确，可如何操作？

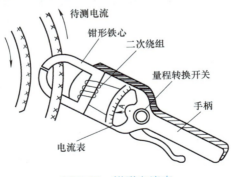

图5-30　钳形电流表

项目5
扫码练习

项目6　线性电路的动态过程分析

学习目标

1）通过学习 *RC* 和 *RL* 一阶线性电路过渡过程的内容，理解电路过渡过程稳态和暂态的概念，掌握换路定律。

2）了解一阶线性电路在过渡过程中电压和电流随时间变化的规律，并能确定电路的时间常数、初始值和最终稳态值三个要素，会用三要素法分析计算 *RC*、*RL* 一阶线性电路。

工作任务

1. 任务描述

指针式万用表检测电解电容的好坏。

2. 任务实施

1）先用万用表表笔短接电容两引脚放电，如图 6-1a 所示。

2）如图 6-1b 所示，万用表选择电阻档，黑表笔接电容正极，红表笔接电容负极，若指针先往右偏（表盘指示1），再往左偏（表盘指示2），最终回到 ∞ （表盘指示3），则表明电容是好的。

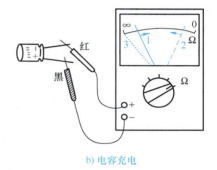

a) 电容放电　　　　　　b) 电容充电

图 6-1　电解电容的检测

① 分别使用指针式万用表 ×100、×1k 电阻档位，检测不同电解电容的好坏。测试过程现象记录于表 6-1 中。

表 6-1　使用电阻档位测量不同电解电容好坏

电解电容容量	×100		×1k	
	指针偏转快慢	电容好坏	指针偏转快慢	电容好坏
2.2μF				
10μF				
47μF				
100μF				
470μF				
1000μF				

② 分别使用指针式万用表不同的电阻档位，检测同一个电解电容（100μF）好坏。测量过程现象记录于表 6-2 中。

表 6-2　不同电阻档位测量电解电容好坏

电阻档位	指针偏转快慢	电容好坏
×1		
×10		
×100		
×1k		
×10k		

注意:

　①每次电容检测完毕,再重新测量,均须将电容两引脚短接放电。

　②使用指针式万用表电阻档时,黑表笔接其内部电池的正极,红表笔接电池的负极,如图 6-2 所示。

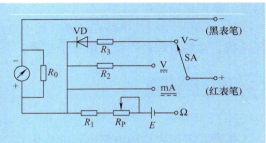

图 6-2　指针式万用表测量原理

思考:

　1)指针式万用表电阻档由直流电供电,指针偏转有快慢,说明电流是变化的。为何直流电路中还有变化的电流?

　2)使用同一电阻档位检测不同容量的电解电容,指针偏转快慢有何规律?为何不同?

　3)同一电解电容,用不同电阻档位来检测,指针偏转快慢有何规律?为何不同?

　4)要使电容的检测过程加快,应如何操作,为什么?

⬭» 相关实践知识

　RLC 过渡过程电路如图 6-3 所示。

1. 主要元件及作用

　1)60V 直流稳压电源 U_S:给电路提供电能。

　2)电路开关 S:实现电路的接通或断开。

　3)相同规格(12V/5W)的灯泡 HL_1、HL_2、HL_3:通过其在电路中的亮灭以及亮度情况来判断电路换路过程电流的大小。

　4)电流表:指示电路换路过程中电流的大小。

　5)电容 C:过渡过程储能元件。

　6)电感 L:过渡过程储能元件。

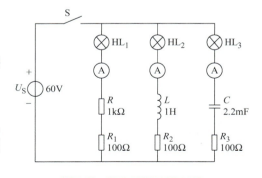

图 6-3　RLC 过渡过程电路

7）电阻：耗能元件。R、R_1 与灯 HL_1 串联支路中，R_1 起限流作用；R_2 与灯 HL_2、电感 L 串联，共同构成 RL 回路；R_3 与灯 HL_3、电容 C 串联，共同构成 RC 回路。

2. 电路工作过程

合上电源开关 S，观察灯泡的发光情况：R 支路的灯泡在开关合上的瞬间立即变亮，且亮度不变；L 支路的灯泡在开关合上后由暗逐渐变亮，最后亮度达到稳定；C 支路的灯泡在开关合上的瞬间突然变最亮，然后逐渐变暗直到灯灭。

灯泡发光情形不同说明了 R、L、C 三个元件上的电流和电压遵循不同的规律：R 支路的电流在开关合上瞬间马上达到稳定值；L 支路的电流在开关合上后逐渐加大；C 支路的电流在开关合上瞬间突然增大到某个值，然后逐渐减小至零，即电容两端的电压在开关合上后由小逐渐增大，最后达到稳定值。由此可见，电容电压和电感电流的变化经历了一个过程，这个过程我们称为过渡过程。

⚡ 相关理论知识

过渡过程是指电路在两个不同稳定状态之间变化的中间过程，此过程中电路的电流和电压不断变化，是一个动态过程。研究过渡过程的电路称为动态电路，与过渡过程有关的电容、电感元件则称为动态元件。本项目仅讨论在直流电源激励下由 R、L、C 等元件构成的一阶线性动态电路，求解这些过渡过程变化规律的数学方程是一阶微分方程，故称为一阶线性动态电路。

我们研究电路的过渡过程，能够更深刻地理解电路稳定状态的由来与本质，也可以应用过渡过程的变化规律设计某些功能电路，如微分电路、积分电路、多谐振荡器及延时电路等；还可以研究过渡过程中出现的过电流、过电压等现象。

6.1　换路定律及初始值的计算

6.1.1　产生过渡过程的原因

1. "稳态"与"暂态"的概念

自然界的事物，在某种条件下可达到一种稳定状态；一旦条件改变，就要过渡到另一种新的稳定状态。在 RC 或 RL 电路中，当电源电压、电流恒定或周期性变化时，电路中的电压、电流也恒定或按周期性变化，此时电路的状态称为稳定状态，简称稳态。然而具有储能元件 L 或 C 的电路在电路接通、断开或电路的参数、结构、电源等发生改变时，电路需经过一定的时间才会达到新的稳态。这种电路从一个稳态经过一定时间过渡到另一新的稳态的物理过程称为电路的过渡过程或瞬态过程。电路在瞬态过程中所处的状态称为瞬态，又称暂态。

图 6-4 所示的 RC 直流电路，当开关 S 闭合时，电源 E 通过电阻 R 对电容器 C 进行充电，电容器两端的电压由零逐渐上升，最终达到电源电压 E。电容器的这种充电过程就是一个过渡过程。

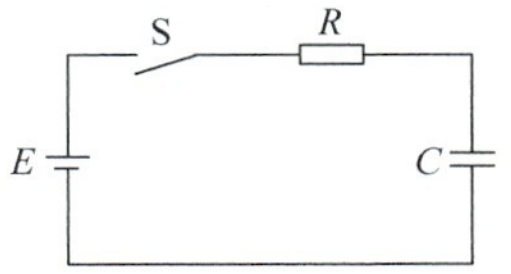

图 6-4　RC 直流电路

2. 产生过渡过程的电路及原因

电路中的过渡过程是由于电路的接通、断开或电源、电路中的参数突然改变等原因引起的。我们把这些引起过渡过程的电路变化统称为**换路**。

图 6-3 所示电路中，开关合上的瞬间，每条支路上灯泡发光的亮暗变化不同，说明了并不是所有的电路在换路时都产生过渡过程。换路只是产生过渡过程的外在原因，其根本原因是能量变化过程不能突然完成，由于电路中具有储能元件电容或电感，储能元件的能量变化过程是不能突变的。

由于换路时电容所储存的电场能量 $W_C = \frac{1}{2}Cu_C^2$ 和电感所储存的磁场能量 $W_L = \frac{1}{2}Li_L^2$ 不能突变，所以电容电压 u_C 和电感电流 i_L 只能连续变化，而不能突变。现将 R、L、C 三元件的过渡过程分别分析如下：

（1）电阻电路（如图 6-5 所示）　电阻是耗能元件，其上电流随电压成比例变化，不存在过渡过程。

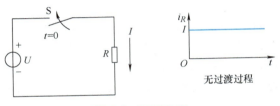

图 6-5　电阻电路

（2）电容电路（如图 6-6 所示）　电容为储能元件，它储存的能量为电场能量，其大小为 $W_C = \int_0^t u_C i_C \mathrm{d}t = \frac{1}{2}Cu_C^2$。因为能量的存储和释放需要一个过程，所以有电容的电路存在过渡过程。

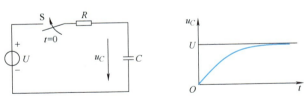

图 6-6　电容电路

（3）电感电路（如图 6-7 所示）　电感为储能元件，它储存的能量为磁场能量，其大小为 $W_L = \int_0^t u_L i_L \mathrm{d}t = \frac{1}{2}Li_L^2$。因为能量的存储和释放需要一个过程，所以有电感的电路存在过渡过程。

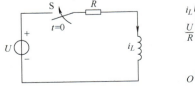

图 6-7　电感电路

由上可知，电路产生过渡过程的原因是：

1）电路中含有储能元件（电感或电容）。

2）换路（即电路状态或结构、参数的改变）引起储能元件能量变化。

6.1.2　换路定律

在换路后的一瞬间，如果流过电容的电流和电感两端的电压为有限值，则电容两端的电压与电感上的电流都应保持换路前一瞬间的原数值而不能突变，电路换路后就以此为起始值连续变化直至达到新的稳态值。这个规律称为换路定律。

假设以 $t=0$ 为换路瞬间，则 $t=0_-$ 表示换路前一瞬间，$t=0_+$ 表示换路后一瞬间，换路的时间间隔为零。在 $t=0_-$ 到 $t=0_+$ 的换路瞬间，电容元件的电压和电感元件的电流不能突变。换路定律可用下列表达式表示：

$$u_C(0_+)=u_C(0_-) \tag{6-1}$$

$$i_L(0_+)=i_L(0_-) \tag{6-2}$$

> **注意：** 在换路瞬间，电容两端的电压和电感中的电流不能突变，只能确定换路后瞬间 $t=0_+$ 的 u_C 和 i_L 起始值。而电容中的电流、电感两端的电压以及电路其他部分的电流和电压是否不会突变，需根据换路前瞬间的电路的具体情况而定，它们不受换路定律的约束。

6.1.3　初始值的计算

电路在换路后瞬间（$t=0_+$）各部分的电流值 $i(0_+)$ 和电压值 $u(0_+)$ 统称为"初始值"。过渡过程发生时，电路各部分的电流、电压是从初始值开始连续变化的，最终达到稳态值。初始值的分析计算依据就是换路定律。

计算初始值的一般步骤：

1）先确定换路前电路中的 $u_C(0_-)$ 和 $i_L(0_-)$，并由换路定律求得 $u_C(0_+)$ 和 $i_L(0_+)$。

2）画出电路在 $t=0_+$ 时的等效电路。

3）根据 $u_C(0_+)$ 和 $i_L(0_+)$，结合欧姆定律、KCL 和 KVL 进一步求出其他有关初始值。

> **注意：** 若在换路前，电容、电感有储能，则在换路后瞬间，电容元件可视为电压源，电感元件可视为电流源。若在换路前电容、电感未储能，则在换路后瞬间，电容电压为 0，可视为短路；电感电流为 0，可视为开路。

例 6-1　图 6-8 所示电路中，$U_S=12\text{V}$，$R_1=3\text{k}\Omega$，$R_2=6\text{k}\Omega$，$C=5\mu\text{F}$。求开关 S 闭合瞬间电容两端电压及各支路电流的初始值。

解　选定所求电压、电流的参考方向如图 6-8 所示，并设 $t=0$ 时开关 S 闭合。

根据题意在开关 S 闭合前　　　　$u_C(0_-)=0$

所以由换路定律可知　　$u_C(0_+)=u_C(0_-)=0$（此时 C 可视为短路）

因 R_2 与 C 并联，故　　　　　　$u_{R_2}(0_+)=u_C(0_+)=0$

于是有

$$i_2(0_+) = \frac{u_C(0_+)}{R_2} = 0$$

由 KVL 可得
$$U_S = i_1(0_+)R_1 + i_2(0_+)R_2 = i_1(0_+)R_1 + 0$$
即有

$$i_1(0_+) = \frac{U_S}{R_1} = \frac{12}{3 \times 10^3}A = 4 \times 10^{-3}A = 4mA$$

根据 KCL 有
$$i_C(0_+) = i_1(0_+) - i_2(0_+) = (4-0)mA = 4mA$$

从本例可以看到，在换路瞬间，电容两端的电压 u_C 不能突变，但通过它的电流 i_C 却从 0 突变至 4mA，不受换路定律的约束。

例 6-2　在例 6-1 中，在电容 C 所在支路串上一个电阻 R_3，如图 6-9 所示，$U_S = 12V$，$R_1 = 3k\Omega$，$R_2 = 6k\Omega$，$R_3 = 2k\Omega$。求开关 S 闭合后瞬间电容两端电压及各支路电流的初始值。

解　选定所求电压、电流的参考方向如图 6-9 所示，并设 $t = 0$ 时开关 S 闭合。
根据题意在开关 S 闭合前

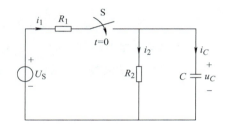

图 6-8　例 6-1 电路

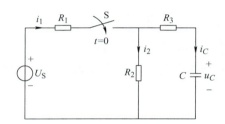

图 6-9　例 6-2 电路

$$u_C(0_-) = 0$$

由换路定律可知
$$u_C(0_+) = u_C(0_-) = 0 \text{（此时 C 可视为短路）}$$
所以开关 S 闭合后瞬间（$t = 0_+$），相当于 R_2 与 R_3 并联，故 $u_{R_2}(0_+) = u_{R_3}(0_+)$，因此

$$i_1(0_+) = \frac{U_S}{R_1 + \frac{R_2 R_3}{R_2 R_3}} = \frac{12}{3 + \frac{6 \times 2}{6 + 2}}mA = \frac{8}{3}mA$$

$$i_2(0_+) = i_1(0_+)\frac{R_3}{R_2 + R_3} = \frac{8}{3} \times \frac{2}{2+6}mA = \frac{2}{3}mA$$

$$i_C(0_+) = i_1(0_+) - i_2(0_+) = \left(\frac{8}{3} - \frac{2}{3}\right)mA = 2mA$$

例 6-3　图 6-10 所示电路中，已知 $U_S = 2V$，$R_1 = R_2 = 10\Omega$，$t = 0$ 时开关 S 闭合，求换路后 i、i_1、i_2 及 u_L 的初始值。

解　据题意在开关 S 闭合前
$$i_L(0_-) = 0$$
由换路定律可知
$$i_2(0_+) = i_L(0_+) = i_L(0_-) = 0 \text{（此时 L 可视为开路）}$$

故开关 S 闭合后瞬间（$t = 0_+$），R_1 与 R_2 相当于串联，有

$$i(0_+) = i_1(0_+)$$

由 KVL 可得 $i(0_+)R_1 + i_1(0_+)R_2 = U_S$

所以有 $i(0_+) = i_1(0_+) = \dfrac{U_S}{R_1 + R_2} = \dfrac{2}{10 + 10}\text{A} = 0.1\text{A}$

$$u_L(0_+) = u_{R_2}(0_+) = i_1(0_+)R_2 = 0.1 \times 10\text{V} = 1\text{V}$$

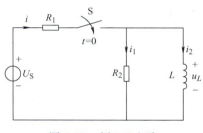

图 6-10　例 6-3 电路

由本例可以看出，在换路瞬间，通过电感的电流 i_L 不能突变，但它两端的电压 u_L 却从 0 突变至 1V，不受换路定律的约束。

6.2　一阶电路的零输入响应

6.2.1　零输入响应的概念

由 R、C 或 R、L 组成的一阶电路，仅含有一种动态元件。如果这些动态元件在换路前已储存电能，由于储能元件所储存的能量要通过电路中的电阻以热能的形式放出，即使在换路后电路中没有激励（电源）存在，仍会有电流、电压。

这种无外界激励源作用，仅由动态元件初始储能的作用产生电流、电压的响应，称为电路的零输入响应。充电后的电容对电阻放电、通有电流的电感突然被短接后电路中电流的变化等都是零输入响应的例子。

6.2.2　*RC* 串联电路的零输入响应

图 6-11 所示是一个最简单的 RC 放电电路。开关 S 原先置于 1 位置，电路处于稳态，即电容 C 两端具有与电压源相同的电压 U_S。在 $t = 0$ 时将 S 置于 2 位置，电容开始放电。下面分析自换路瞬间起至电路进入新的稳定状态之间这段时间内电容、电阻两端电压 u_C 和 u_R 及电路的电流 i 等的变化规律。由于 S 置于 2 位置以后电路并不与电源相接，外接激励为零，所以这是一个求解零输入响应的问题。

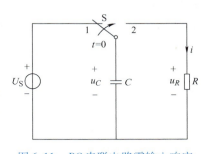

图 6-11　*RC* 串联电路零输入响应

1. 物理过程

换路前电路已处于稳态，电容电压等于电源电压，即 $u_C(0_-) = U_S$。在 $t = 0$ 时电路发生换路，电容电压不能突变，仍保持 U_S。由 KVL 可知，电阻电压 u_R 将从 0 突变至电容电压 U_S，相应的电路中电流 i 也由 0 突变到 $\dfrac{U_S}{R}$。换路后，电容将通过电阻 R 释放电荷，其两端电压 u_C 将逐渐减小，放电电流 i 也逐渐减小。当电容极板上储存的电荷全部释放完毕，u_C 衰减到零，i 也衰减到零。至此，放电过程结束，电路达到一个新的稳态。在这个过程中，电容在换路前所储存的电场能量 $W_C(0_-) = \dfrac{1}{2}CU_S^2$ 逐渐被电阻所消耗，转化为热能。具体分析数据见表 6-3。

表6-3 *RC* 串联电路零输入响应初始值和稳态值

变 量	换路后的初始值	稳 态 值	变 量	换路后的初始值	稳 态 值
u_C	U_S	0	i_C	U_S/R	0
u_R	U_S	0	W_C	$\frac{1}{2}CU_S^2$	0

2. 定量分析

由图6-11所示电路，列出换路后电路的 KVL 方程，即

$$u_C - iR = 0$$

由于 $\qquad i = -C\dfrac{\mathrm{d}u_C}{\mathrm{d}t}$（负号是因为 i 和 u_C 为非关联参考方向）

故有

$$RC\frac{\mathrm{d}u_C}{\mathrm{d}t} + u_C = 0 \tag{6-3}$$

显然，式(6-3)方程包含了未知函数 u_C 及其一阶导数，在数学上称为一阶常系数线性齐次微分方程。并结合初始条件 $u_C(0_+) = U_S$，即可得

$$u_C = U_S \mathrm{e}^{-\frac{t}{RC}} \tag{6-4}$$

于是便可求得

$$i = -C\frac{\mathrm{d}u_C}{\mathrm{d}t} = \frac{U_S}{R}\mathrm{e}^{-\frac{t}{RC}} \tag{6-5}$$

$$u_R = u_C = U_S\mathrm{e}^{-\frac{t}{RC}} \tag{6-6}$$

由此可见，换路后，电容的电压 u_C 是从其初始值 U_S 开始随时间 t 按指数规律衰减。而电阻两端的电压 u_R 和电路中的电流 i 则分别从各自的初始值 U_S 和 U_S/R 按照同一指数规律衰减。图6-12给出了换路后 u_C、u_R 和 i 随时间变化的曲线。

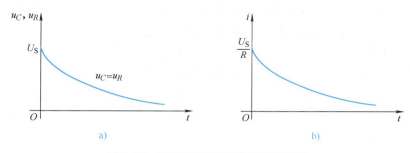

图6-12 *RC* 串联电路零输入响应曲线

在整个放电过程中，电阻 R 消耗的能量为

$$W = \int_0^\infty i^2 R\mathrm{d}t = \int_0^\infty \left(\frac{U_S}{R}\mathrm{e}^{-\frac{t}{RC}}\right)^2 R\mathrm{d}t = \frac{1}{2}CU_S^2$$

由此可见，电路的过渡过程就是电容元件所储存的电场能量全部被电阻 R 消耗的过程。由上述计算可知，这些电场能量若被全部消耗完毕需要经历无限长的时间。但稍后的分析可以看到，实际上在经过了一段有限的时间后电路的过渡过程即可视为结束。

3. 时间常数

由式(6-4)可见，电容电压 u_C 衰减的快慢取决于 RC。令 $\tau = RC$，称为电路的时间常数，当 R 的单位为欧（Ω）、C 的单位为法（F）时，τ 的单位为秒（s）。由式(6-4)可知，当 $t = \tau$ 时，电容的电压为

$$u_C = U_S \mathrm{e}^{-1} = 0.368 U_S = 36.8\% U_S$$

即：时间常数 τ 就是电容电压衰减至初始值的 36.8% 时所需要的时间。为进一步理解时间常数的意义，现将对应于不同时刻的电容电压 u_C 的数值列于表 6-4 中。

表 6-4 不同时刻的 u_C 值

t	τ	2τ	3τ	4τ	5τ	6τ
u_C	$0.368 U_S$	$0.135 U_S$	$0.05 U_S$	$0.018 U_S$	$0.007 U_S$	$0.002 U_S$

从理论上讲需要经过无限长的时间 u_C 才能衰减到零，但在实际工程中，一般当电压 u_C 或电流 i 衰减到其初始值的 5% 以下，即在经历了 3τ 时间以后就可认为过渡过程基本结束，电路进入另一个稳态。显然，电路的 τ 越大则过渡过程越长，τ 越小则过渡过程就越短。因此，时间常数 τ 是反映电路过渡过程持续时间长短的物理量。图 6-13 给出了几个不同 τ 值时 u_C 随时间衰减的曲线。

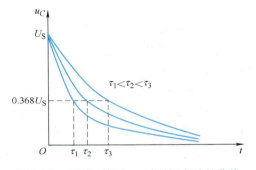

图 6-13 不同 τ 值时 u_C 随时间衰减的曲线

例 6-4 图 6-14 所示电路原已处于稳态，已知 $U_S = 12\mathrm{V}$，$R_1 = 1\mathrm{k\Omega}$，$R_2 = 2\mathrm{k\Omega}$，$R_3 = 3\mathrm{k\Omega}$，$C = 10\mathrm{\mu F}$，$t = 0$ 时开关 S 断开，求换路后电容两端的电压 u_C 及电流 i 随时间变化的规律。

解 据题意，由换路定律可得

$$u_C(0_+) = u_C(0_-) = \frac{R_2}{R_1 + R_2} U_S = \frac{2}{1+2} \times 12\mathrm{V} = 8\mathrm{V}$$

$$\tau = (R_2 + R_3)C = (2000 + 3000) \times 10 \times 10^{-6}\mathrm{s} = 0.05\mathrm{s}$$

由式(6-4)可得

$$u_C = u_C(0_+)\mathrm{e}^{-\frac{t}{\tau}} = 8\mathrm{e}^{-\frac{t}{0.05}}\mathrm{V} = 8\mathrm{e}^{-20t}\mathrm{V}$$

由式(6-5)可得

$$i = -\frac{u_C(0_+)}{R_2 + R_3}\mathrm{e}^{-\frac{t}{\tau}} = -\frac{8}{2+3}\mathrm{e}^{-\frac{t}{0.05}}\mathrm{mA} = -1.6\mathrm{e}^{-20t}\mathrm{mA}$$

注意： 当电路中有若干个电阻时，时间常数 $\tau = RC$ 中的电阻 R 应理解为是将电容 C 移去后，从所形成的二端口处看进去的参与过渡过程的等效电阻。

6.2.3 RL 串联电路的零输入响应

图 6-15 所示电路原已处于稳定状态，在 $t = 0$ 时开关 S 由 2 切换到 1。以下分析自开关 S 切换后至电路进入新的稳定状态这段时间内电感中的电流 i_L 和电压 u_L 的变化规律。因为在

电路换路以后电感元件所在的回路不再受到电源 U_S 的作用，所以这是一个求解零输入响应的问题。

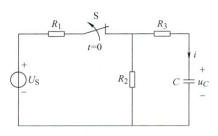

图 6-14　例 6-4 电路

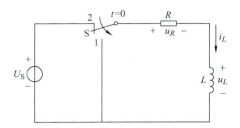

图 6-15　*RL* 串联电路零输入响应

1. 物理过程分析

设在换路前流过电感元件的电流为 I_L，在换路后的瞬间，由于电感上的电流不能突变，因此仍为 I_L，所以此时电阻两端电压 $u_R(0_+) = RI_L$。根据 KVL，电感两端的电压立即从换路前的零值突变为 $-RI_L$。换路后，随着电阻不断消耗能量，电流 I_L 将不断减小，u_R 与 u_L 也不断减小，直至为零，过渡过程结束，电路进入一个新的稳定状态。

在整个过渡过程中，由于 i_L 在不断减小，由楞次定律可知，感应电动势必然沿着电流方向在电感两端引起电位升高，形成电位差（即 u_L），所以在选定的 u_L 参考方向下，u_L 应为负值。在这个过程中，电感在换路前所储存的磁场能量 $W_L(0_+) = \dfrac{1}{2}LI_L^2$ 逐渐被 R 耗尽。此过程是零输入响应。

现将以上分析结果列于表 6-5 中。

表 6-5　*RL* 串联电路零输入响应初始值和稳态值

变　量	换路后的初始值	稳　态　值	变　量	换路后的初始值	稳　态　值
i_L	I_L	0	u_L	$-RI_L$	0
u_R	RI_L	0	W_L	$\dfrac{1}{2}LI_L^2$	0（转化为热能）

2. 定量分析

换路前电感元件已储有能量，其中电流的初始值 $i_L(0_+) = I_L$。如图 6-16 所示，根据换路后的电路及 KVL 可列出 $t \geqslant 0$ 时电路的方程，即

$$u_R + u_L = 0$$

因为

$$u_R = i_L R, \quad u_L = L\frac{\mathrm{d}i_L}{\mathrm{d}t}$$

所以

$$i_L R + L\frac{\mathrm{d}i_L}{\mathrm{d}t} = 0$$

上式为一阶微分方程，解该微分方程，并结合

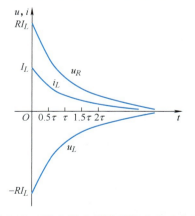

图 6-16　*RL* 串联电路的零输入响应曲线

初始条件 $i_L(0_+) = I_L$，即可得

$$i_L = I_L \mathrm{e}^{-\frac{R}{L}t} \tag{6-7}$$

$$u_R = i_L R = R I_L \mathrm{e}^{-\frac{R}{L}t} \tag{6-8}$$

$$u_L = -u_R = -R I_L \mathrm{e}^{-\frac{R}{L}t} \tag{6-9}$$

可见，换路后，电感中的电流从其初始值 I_L 开始随时间 t 按指数规律衰减，而电阻和电感两端的电压 u_R 和 u_L 则分别从 $R I_L$ 和 $-R I_L$ 开始按同一指数规律衰减，如图 6-16 所示。

从式(6-7) 可见，电感上的电流 i_L 衰减的快慢取决于 L/R。令 $\tau = L/R$，称为电路的时间常数，其意义与前述 RC 串联电路的时间常数的意义完全相同。τ 越大，各电路变量衰减得越慢，过渡过程就越长。当 R 的单位为欧（Ω）、L 的单位为亨（H）时，τ 的单位为秒（s）。

在整个过渡过程中，电阻 R 所消耗的能量为

$$W = \int_0^\infty i_L^2 R \mathrm{d}t = \int_0^\infty I_L^2 \mathrm{e}^{-\frac{2R}{L}t} R \mathrm{d}t = \frac{1}{2} I_L^2 L$$

由此可见，电路的过渡过程就是将电感元件所储存的磁场能量全部被电阻 R 消耗的过程。由上述计算结果可知，从理论上讲这些磁场能量若要被全部消耗完毕需要经历无限长的时间，但实际上经过了 3τ 的时间，各电路变量衰减到初始值的 5% 以下时，过渡过程即可视为结束，电路进入另一个稳定状态。

例 6-5　图 6-17 为一实际电感线圈和电阻 R 并联的直流电路。已知 $U_S = 220\mathrm{V}$，$R = 40\Omega$，电感线圈的电感 $L = 1\mathrm{H}$，其内阻 $R_L = 20\Omega$。$t = 0$ 时开关 S 打开，试求换路后瞬间线圈两端电压的初始值 $u_L(0_+)$ 和换路后电流 i 的变化规律（设开关打开前电路已处于稳态）。

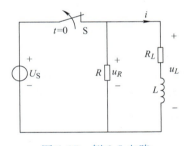

图 6-17　例 6-5 电路

解　据题意，换路前电感的电流为

$$i(0_-) = \frac{U_S}{R_L} = \frac{220}{20}\mathrm{A} = 11\mathrm{A}$$

由换路定律和基尔霍夫电压定律可得，换路后瞬间电感的电流、电压为

$$i(0_+) = i(0_-) = 11\mathrm{A}$$

$$u_L(0_+) = -i(0_+)(R_L + R) = -11 \times (20 + 40)\mathrm{V} = -660\mathrm{V}$$

电路的时间常数为　　　　　$\tau = \frac{L}{R + R_L} = \frac{1}{40 + 2}\mathrm{s} = \frac{1}{60}\mathrm{s}$

由式(6-7) 可求得换路后电流

$$i = i(0_+)\mathrm{e}^{-\frac{t}{\tau}} = 11\mathrm{e}^{-60t}\mathrm{A}$$

此结果说明：在换路瞬间，u_L 从原来的 0 突变至 $-660\mathrm{V}$。因此放电电阻 R 不能选得过大，否则一旦电源断开，线圈两端的电压会很大，其绝缘容易损坏。如果 R 是一只内阻很大的电压表，则该表也很容易受到损坏。为安全起见，在断开电源之前，必须先将线圈并联的测量仪表拆除。

6.3 一阶电路的零状态响应

6.3.1 零状态响应的概念

电路在换路以前动态元件的初始储能为零，换路后瞬间电容两端的电压为零、电感中的电流为零，电路在激励源的作用下引起电流、电压的响应，称为零状态响应。零状态响应的变化规律不仅与电路的固有频率有关，还与激励形式相关。下面分别介绍 R、C 和 R、L 构成的一阶电路的零状态响应。

6.3.2 RC 串联电路的零状态响应

图6-18 所示为 RC 充电电路，原先电容上电压为0，电路处于零初始状态，即 $u_C(0_-)=0$。在 $t=0$ 时刻，开关 S 由 A 切换到 B，电路接入直流电源 U_S。下面分析自换路瞬间起至电路进入新的稳定状态这段时间内，电容、电阻两端的电压 u_C、u_R 及电路电流 i 等的变化规律。

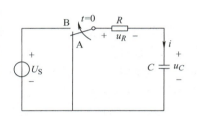

图 6-18　RC 串联电路零状态响应

1. 物理过程分析

在换路后瞬间，由于 $u_C(0_+)=0$，电容相当于短路，因此 U_S 全部加在电阻 R 上，故 u_R 立即由换路前的 0 突变至 U_S，电流 i 也相应地由换路前的 0 突变至 U_S/R。换路后，电容开始充电，随着时间的增长，极板上积聚的电荷越来越多，电容两端的电压 u_C 也不断增大，与此同时电阻电压 u_R 则逐渐减少（因为 $u_C + u_R = U_S$），电流 i 也随之减小，直至充电完毕，电容两端的电压 u_C 等于 U_S，电阻两端的电压 u_R 及电流 i 减少至零，过渡过程结束，电路进入一个新的稳定状态。

现将以上分析结果列于表6-6中。

表6-6　RC 串联电路零状态响应初始值和稳态值

变　　量	换路后的初始值	稳　态　值	变　　量	换路后的初始值	稳　态　值
u_C	0	U_S	i	U_S/R	0
u_R	U_S	0	W_C	0	$\dfrac{1}{2}CU_S^2$

2. 定量分析

根据图6-18 中所设各变量的参考方向，列出换路后电路的 KVL 方程

$$u_R + u_C = U_S$$

因为

$$u_R = iR, \quad i = C\frac{\mathrm{d}u_C}{\mathrm{d}t}$$

所以

$$RC\frac{\mathrm{d}u_C}{\mathrm{d}t} + u_C = U_S$$

解该微分方程，并结合初始条件 $u_C(0_+)=0$，即可得到

$$u_C = U_S(1 - e^{-\frac{t}{RC}}) = U_S - U_S e^{-\frac{t}{RC}} \tag{6-10}$$

这就是换路以后电容两端电压 u_C 在过渡过程中的变化规律。式(6-10)右边第一项 U_S 是电容充电完毕以后的电压值，是电容电压的稳态值，我们称其为"稳态分量"；第二项 $-U_S e^{-\frac{t}{RC}}$ 将随着时间按指数规律衰减，最后为零，我们称其为"暂态分量"。因此，在整个过渡过程中，u_C 可以认为是由稳态分量和暂态分量叠加而成的。

下面来分析电阻的电压 u_R 和电流 i 的情况。

$$u_R = U_S - u_C = U_S e^{-\frac{t}{RC}} \tag{6-11}$$

$$i = \frac{u_R}{R} = \frac{U_S}{R} e^{-\frac{t}{RC}} \tag{6-12}$$

换路后 u_R 和 i 分别从 U_S 和 U_S/R 开始随时间 t 按指数规律衰减，由于在稳定状态下，电容相当于开路，电路的电流 i 和电阻的电压 u_R 最终的稳态值均为零，所以在式(6-11)和式(6-12)中它们只有随时间衰减的暂态分量而无稳态分量。

图 6-19 给出了换路后 u_C、u_R 和 i 随时间变化的曲线。

由式(6-10)、式(6-11)、式(6-12)可知，各电路变量的暂态分量衰减的快慢取决于因子 RC，和电路的零输入响应一样，把 $\tau = RC$ 称为电路的时间常数，τ 越大，各变量的暂态分量衰减得越慢，电路进入新的稳态所需要时间越长，亦即过渡过程越长。当 $t = \tau$ 时，有

$$u_C = U_S(1 - e^{-1}) = U_S(1 - 0.368) = 63.2\% U_S$$

$$i = \frac{U_S}{R} e^{-1} = \frac{U_S}{R} \times 0.368 = 36.8\% \frac{U_S}{R}$$

即经过 1τ 的时间，电容的电压已达到其稳态值的 63.2%，而电路的电流也已衰减到其初始值的 36.8%。一般认为在经过 3τ 的时间以后，各电路变量的暂态分量衰减到初始值的 5% 以下，过渡过程即可视为结束，电路进入新的稳定状态。图 6-20 给出了几个不同 τ 值时 u_C 随时间变化的曲线。

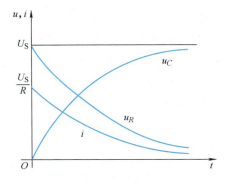 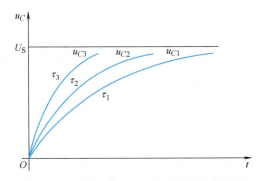

图 6-19　RC 串联电路零状态响应 u_C、u_R 和 i 的波形　　　图 6-20　不同 τ 值时 u_C 随时间变化的曲线

实际上，电容的充电过程就是在电容中建立电场（从而储存电场能量）的过程，在这个过程中电容元件从电源吸取的电能为

$$W_C = \int_0^\infty u_C i dt = \int_0^Q u_C dq = \int_0^{U_S} C u_C du_C = \frac{1}{2} C U_S^2$$

而电阻消耗的能量为

$$W_R = \int_0^\infty i^2 R \mathrm{d}t = \int_0^\infty \frac{U_S^2}{R} \mathrm{e}^{-\frac{2}{RC}t} \mathrm{d}t = \frac{1}{2} C U_S^2$$

可见，在充电过程中电源所提供的能量，一半储存在电容的电场中，一半消耗在电阻上，且电阻上消耗的能量与 R 无关，充电效率总是 50%。

例 6-6 在图 6-18 所示电路中，已知 $U_S = 220\mathrm{V}$，$R = 200\Omega$，$C = 1\mu\mathrm{F}$，电容事先未储能，在 $t = 0$ 时开关 S 由 A 切换到 B。求：（1）时间常数 τ；（2）最大充电电流 I_0；（3）开关 S 切换到 B 后 1ms 时的 i 和 u_C 的数值。

解 （1）时间常数　　　$\tau = RC = 200 \times 1 \times 10^{-6}\mathrm{s} = 2 \times 10^{-4}\mathrm{s} = 200\mu\mathrm{s}$

（2）$t \geqslant 0$ 时 i 和 u_C 的表达式为

$$i = \frac{U_S}{R} \mathrm{e}^{-\frac{t}{RC}} = 1.1 \mathrm{e}^{-5000t} \mathrm{A}$$

$$u_C = U_S(1 - \mathrm{e}^{-\frac{t}{RC}}) = 220(1 - \mathrm{e}^{-5000t}) \mathrm{V}$$

最大充电电流为　　　　　　　　　　　$I_0 = i(0_+) = 1.1\mathrm{A}$

（3）开关切换到 B 后 1ms 时

$$i = 1.1 \mathrm{e}^{-5000 \times 0.001} \mathrm{A} = 0.0074\mathrm{A}$$

$$u_C = 220(1 - \mathrm{e}^{-5000 \times 0.001}) \mathrm{V} = 218.4\mathrm{V}$$

6.3.3　*RL* 串联电路的零状态响应

电路如图 6-21 所示，开关 S 原来处于断开位置，电感的电流为零。在 $t = 0$ 时开关 S 闭合，电感元件开始储能，电路的响应为零状态响应。下面分析自换路瞬间起至电路进入新的稳定状态这段时间内，电感中的电流 i 和电压 u_L、u_R 等的变化规律。

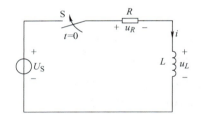

图 6-21　*RL* 串联电路的零状态响应

1. 物理过程分析

在开关闭合瞬间，由于电感的电流不能突变，电路中的电流 i 仍然为零，所以电阻 R 上没有电压，这时电源电压全部加在电感两端，即 u_L 立即从换路前的 0 突变至 U_S。随着时间的延续，电路中的电流 i 逐渐增大，u_R 也随之逐渐增大；与此同时，u_L 则逐渐减少（因为 $u_R + u_L = U_S$）。直至最后电路稳定时，$u_L = 0$（电感相当于短路），于是 $u_R = U_S$，$i = U_S/R$，过渡过程结束，电路进入一个新的稳定状态。现将以上分析结果列于表 6-7 中。

表 6-7　RL 串联电路零状态响应初始值和稳态值

变　　量	换路后的初始值	稳　态　值	变　　量	换路后的初始值	稳　态　值
i	0	U_S/R	u_L	U_S	0
u_R	0	U_S	W_L	0	$\frac{1}{2} L\left(\frac{U_S}{R}\right)^2$

2. 定量分析

根据图 6-21 中所设各变量的参考方向，列出换路后电路的 KVL 方程

$$u_L + u_R = U_S$$

因为
$$u_L = L\frac{\mathrm{d}i_L}{\mathrm{d}t}, \quad u_R = iR$$

所以
$$L\frac{\mathrm{d}i}{\mathrm{d}t} + Ri = U_S$$

这是一个一阶微分方程，解该微分方程，并结合初始条件 $i(0_+) = 0$，即可得

$$i = \frac{U_S}{R}(1 - \mathrm{e}^{-\frac{R}{L}t}) = \frac{U_S}{R} - \frac{U_S}{R}\mathrm{e}^{-\frac{R}{L}t} \tag{6-13}$$

式 (6-13) 是换路以后电路电流 i 在过渡过程中的变化规律。式 (6-13) 右边第一项 U_S/R 是电路进入新的稳定状态后的电流值，我们称其为"稳态分量"；第二项 $-(U_S/R)\mathrm{e}^{-\frac{R}{L}t}$ 将随着时间按指数规律衰减，最后为零，我们称其为"暂态分量"。因此，在整个过渡过程中，i 可以认为是由稳态分量和暂态分量叠加而成的。

电感电压 u_L 和电阻电压 u_R 的变化规律为

$$u_L = L\frac{\mathrm{d}i}{\mathrm{d}t} = U_S\mathrm{e}^{-\frac{R}{L}t} \tag{6-14}$$

$$u_R = Ri = U_S(1 - \mathrm{e}^{-\frac{R}{L}t}) = U_S - U_S\mathrm{e}^{-\frac{R}{L}t} \tag{6-15}$$

因此，换路后 u_L 从 U_S 开始随时间 t 按指数规律逐渐衰减。由于 u_L 最终的稳态值为零，电感相当于短路，所以在式 (6-14) 中只有其随时间衰减的暂态分量而无稳态分量；u_R 在换路后最终到达其稳态值 U_S，而其暂态分量 $U_S\mathrm{e}^{-\frac{R}{L}t}$ 则随时间 t 按指数函数的规律逐渐衰减至零。

由式 (6-14) 和式 (6-15) 可知，各电路变量的暂态分量衰减的快慢取决于 L/R，把 $\tau = L/R$ 称为电路的时间常数，其意义同前。一般认为在经过了 3τ 的时间后，过渡过程即可视为结束。换路后 i、u_L 和 u_R 随时间变化的曲线如图 6-22 和图 6-23 所示。

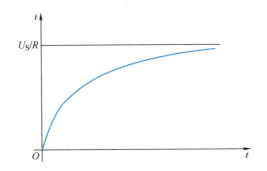

图 6-22   *RL* 串联电路零状态响应电流曲线

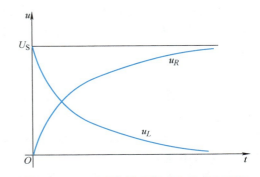

图 6-23   *RL* 串联电路零状态响应电压曲线

例 6-7   在图 6-21 所示电路中，已知 $U_S = 20\mathrm{V}$，$R = 20\Omega$，$L = 5\mathrm{H}$，电感原先无电流，在 $t = 0$ 时将开关 S 闭合，求：t 分别等于 0、τ 和 ∞ 时电路的电流 i 及电感元件的电压 u_L。

解   (1) $t = 0$ 时

$$i(0) = i(0_+) = i(0_-) = 0$$

因为

$$u_L = U_S e^{-\frac{R}{L}t}$$

所以

$$u_L(0) = 20 e^{-\frac{20}{5} \times 0} V = 20V$$

因电感原先不储能，所以 $t=0$ 时电感相当于开路。

（2） $t=\tau$ 时

$$i(\tau) = \frac{U_S}{R}(1 - e^{-\frac{R}{L}\frac{L}{R}}) = \frac{U_S}{R}(1 - e^{-1}) = \frac{20}{20} \times (1 - 0.368)A = 0.632A$$

$$u_L(\tau) = U_S e^{-\frac{R}{L}\frac{L}{R}} = U_S e^{-1} = 20 \times 0.368V = 7.36V$$

即 $t=\tau$ 时，电路的电流已增大至稳态值的 63.2%，而电感两端的电压已降低至稳态值的 36.8%。

（3） $t=\infty$ 时

$$i(\infty) = \frac{U_S}{R}(1 - e^{-\infty}) = \frac{20}{20} \times 1A = 1A$$

$$u_L(\infty) = U_S e^{-\infty} = 20 \times 0 = 0$$

也就是当 $t=\infty$ 时电感相当于短路。

6.4　一阶电路的全响应

　　电路在换路以前动态元件的初始储能不为零，即电容和电感元件原先已储能，则在换路后的瞬间，电容两端将有电压 $u_C(0_+) = U_0$，电感中将有电流 $i_L(0_+) = I_0$，我们称电路的这种状态为非零初始状态。一个非零初始状态的电路受到激励作用后的响应由初始储能和激励共同引起，称为全响应。

　　对于线性电路，其全响应可以应用叠加定理分析，即把它看成零输入响应和零状态响应的叠加。本节以 RC 串联电路为例，介绍一阶电路全响应的分析方法。

6.4.1　全响应的分析

　　在图 6-24 所示电路中，在开关 S 闭合前，电路已有储能，电容已充电至 $u_C(0_-) = U_0$，$t=0$ 时将开关 S 合上。下面分析自换路瞬间起至电路进入新的稳定状态这段时间内，电容两端的电压 u_C 及电路的电流 i 的变化规律。

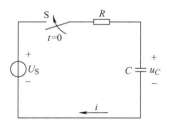

图 6-24　*RC* 串联电路全响应

　　在开关闭合瞬间，电容电压不变，即

$$u_C(0_+) = u_C(0_-) = U_0$$

根据叠加定理，电路的全响应应该等于 $U_0 = 0$ 时电路的零状态响应与 $U_S = 0$ 时电路的零输入响应之和，于是 u_C 的全响应表达式为

$$u_C = U_S(1 - e^{-\frac{t}{RC}}) + U_0 e^{-\frac{t}{RC}} \tag{6-16}$$

同样地，电路电流 i 的全响应表达式为

$$i = \frac{U_S}{R}e^{-\frac{t}{RC}} - \frac{U_0}{R}e^{-\frac{t}{RC}} \tag{6-17}$$

注意： 图 6-24 中电流 i 和 u_C 为关联参考方向。

6.4.2　全响应的分解

根据叠加定理，线性电路的全响应可分解为零输入响应和零状态响应的叠加。

【全响应】＝【零输入响应】＋【零状态响应】

式(6-16) 和式(6-17) 也可以写成另一种形式。

$$u_C = U_S + (U_0 - U_S)e^{-\frac{t}{RC}} \tag{6-18}$$

$$i = \frac{U_S - U_0}{R}e^{-\frac{t}{RC}} \tag{6-19}$$

u_C 的全响应又可以认为是由稳态分量 U_S 和暂态分量 $(U_0 - U_S)e^{-\frac{t}{RC}}$ 叠加组成，由于电路稳定时电容相当于开路，电流 i 最终的稳态值为零，所以式(6-19) 只有暂态分量而无稳态分量。现根据 U_S 和 U_0 的关系把电路分成三种情况来讨论：

1）若 $U_S > U_0$，即电源电压大于电容的初始电压，则在过渡过程中 $i > 0$，即电流始终流向电容的正极板，电容继续充电，u_C 从 U_0 开始按指数规律增大到 U_S。

2）若 $U_S < U_0$，即电源电压小于电容的初始电压，则在过渡过程中 $i < 0$，即电流始终由电容的正极板流出，电容放电，u_C 从 U_0 开始按指数规律下降到 U_S。

3）若 $U_S = U_0$，即电源电压等于电容的初始电压，则在开关合上后，$i = 0$，$u_C = U_S$，电路立即进入稳定状态，不发生过渡过程。

以上三种情况总结得出 RC 串联电路全响应 u_C 与 i 的变化曲线如图 6-25 所示。

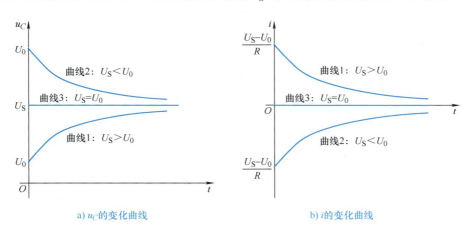

a) u_C的变化曲线　　　　　　　b) i的变化曲线

图 6-25　RC 串联电路全响应 u_C 与 i 的变化曲线

对于 RL 串联电路全响应，沿用 RC 串联电路全响应的分析方法。如果电路中仅有一个储能元件（L 或 C），电路的其他部分由电阻和独立电源连接而成，这种电路仍然是一阶电路，在求解这类电路时可以将储能元件以外的部分应用戴维南定理进行等效化简，从而使整

个电路仍然变成 RC 或 RL 串联的形式，然后便可利用上面介绍的分析方法求得储能元件的电流和电压。在此基础上，结合欧姆定律和 KCL、KVL 还可以进一步求出原电路中其他部分的电流、电压。下面以一个例子分析一阶 RL 串联电路全响应。

例 6-8 在图 6-26 所示电路中，$U_S = 100V$，$R_O = 150\Omega$，$R = 50\Omega$，$L = 5H$，开关 S 闭合前电路已处于稳定状态。求开关闭合后通过电感的电流 i 及其两端的电压 u_L。

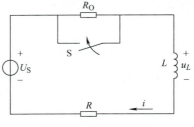

图 6-26 例 6-8 电路

解 在换路后的瞬间电感上有电流，可利用求解电路全响应的方法来求解。设开关闭合瞬间为计时起点，i 和 u_L 的参考方向如图 6-26 所示。

电流 i 的初始值为

$$I_0 = i(0_+) = i(0_-) = \frac{U_S}{R_O + R} = \frac{100}{150 + 50}A = 0.5A$$

电路的时间常数为

$$\tau = \frac{L}{R} = \frac{5}{50}s = 0.1s$$

于是根据电路全响应叠加式【全响应】=【零输入响应】+【零状态响应】，可写出 i 的全响应为

$$i = I_0 e^{-\frac{R}{L}t} + \frac{U_S}{R}(1 - e^{-\frac{R}{L}t}) = [0.5e^{-\frac{t}{0.1}} + \frac{100}{50}(1 - e^{-\frac{t}{0.1}})]A$$

$$= [0.5e^{-10t} + 2(1 - e^{-10t})]A = (2 - 1.5e^{-10t})A$$

电感两端电压为

$$u_L = L\frac{di}{dt} = 75e^{-10t}V$$

6.5 一阶电路的三要素法

前面讨论的 RC 串联电路电容两端电压的全响应为

$$u_C = U_S + (U_0 - U_S)e^{-\frac{t}{RC}}$$

式中，U_0 是电路在换路瞬间电容电压的初始值 $u_C(0_+)$；U_S 是电路在时间 $t \to \infty$ 时电容电压的稳态值，可记作 $u_C(\infty)$；$\tau = RC$ 是时间常数。于是式 (6-18) 可写成

$$u_C = u_C(\infty) + [u_C(0_+) - u_C(\infty)]e^{-\frac{t}{RC}} \tag{6-20}$$

也就是说，只要求得电容电压的初始值 $u_C(0_+)$、稳态值 $u_C(\infty)$ 和时间常数 τ，然后代入上式即可求得 u_C 的全响应。可以把式 (6-20) 写成更一般形式（推导略），即

$$f(t) = f(\infty) + [f(0_+) - f(\infty)]e^{-\frac{t}{\tau}} \tag{6-21}$$

式中，$f(t)$ 是待求电路变量的全响应；$f(0_+)$ 是待求电路变量的初始值；$f(\infty)$ 是待求电路变量的稳态值；τ 是电路的时间常数。

$f(0_+)$、$f(\infty)$、τ 是求解直流激励下的一阶电路的三个要素，只要知道了这三个要素就可以利用式 (6-21) 直接写出一阶电路中任一电路变量在换路后的全响应 $f(t)$，不必列微分方程求解。这个方法称为一阶电路的三要素法。

用三要素法求解一阶电路过渡过程的简要步骤如下：

（1）求初始值 $f(0_+)$　利用换路定律求解换路后瞬间电路变量的初始值。

（2）求最终稳态值 $f(\infty)$　画出换路后的电路，将其中的电感元件视为短路，电容元件视为开路，根据 KVL、KCL 列出电路方程求得。

（3）求时间常数 τ　时间常数由电路本身的参数决定，与激励无关，对含有电容的一阶电路，$\tau = RC$；对含有电感的一阶电路，$\tau = \dfrac{L}{R}$。其中 R 是换路后的电路除去电源和储能元件后在储能元件两端所得无源二端网络的等效电阻，即戴维南等效电路中的等效电阻。在同一电路中 τ 只有一个值。

（4）求解　应用式（6-21）求解过渡过程中电路电压、电流的变化规律。

> **注意：** 三要素法仅适用于一阶电路；利用三要素法不仅可以求解储能元件上的电流、电压，而且可以求解电路中任意处的电流、电压。

例6-9　在图 6-27 所示电路中，电容原先未储能，并且已知 $U_S = 12\text{V}$，$R_1 = 1\text{k}\Omega$，$R_2 = 2\text{k}\Omega$，$C = 10\mu\text{F}$。$t = 0$ 时开关 S 闭合。试用三要素法求开关合上后电容的电压 u_C 与电流 i_C 的变化规律。

解　设所求变量的参考方向如图 6-27 所示。

（1）所求变量的初始值　电容原先未储能，故 $u_C(0_+) = u_C(0_-) = 0$，因此在换路瞬间电容可视为短路，故

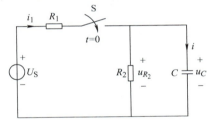

图 6-27　例 6-9 电路

$$i_C(0_+) = \frac{U_S}{R_1} = \frac{12}{1 \times 10^3}\text{A} = 12 \times 10^{-3}\text{A}$$

（2）所求变量的稳态值　稳态时电容相当于开路，其电压等于 R_2 两端的电压，其电流为零，即

$$u_C(\infty) = \frac{R_2}{R_1 + R_2}U_S = \frac{2 \times 10^3}{(1+2) \times 10^3} \times 12\text{V} = 8\text{V}$$

$$i_C(\infty) = 0$$

（3）时间常数

$$\tau = \frac{R_1 R_2}{R_1 + R_2}C = \frac{1 \times 2 \times 10^6}{(1+2) \times 10^3} \times 10 \times 10^{-6}\text{s} = 6.67 \times 10^{-3}\text{s} = \frac{1}{150}\text{s}$$

于是便得
$$u_C = u_C(\infty) + [u_C(0_+) - u_C(\infty)]e^{-\frac{t}{\tau}}$$
$$= [8 + (0-8)e^{-150t}]\text{V} = 8(1 - e^{-150t})\text{V}$$
$$i_C = i_C(\infty) + [i_C(0_+) - i_C(\infty)]e^{-\frac{t}{\tau}}$$
$$= 0 + [12 \times 10^{-3} - 0]e^{-\frac{t}{\tau}}$$
$$= 12 \times 10^{-3}e^{-150t}\text{A} = 12e^{-150t}\text{mA}$$

例6-10　电路如图 6-28 所示，试用三要素法求 $t \geqslant 0$ 时的 i_1、i_2 及 i_L。换路前电路处于

稳态。

解 各电量参考方向如图 6-28 所示。

（1）求初始值 $f(0_+)$ 开关 S 闭合前电感 L 中的
电流为

$$i_L(0_-) = \frac{12}{6}\text{A} = 2\text{A}$$

用节点电压法求得 $u_L(0_+)$ 为

$$u_L(0_+) = \frac{\dfrac{12}{6} + \dfrac{9}{3} - 2}{\dfrac{1}{6} + \dfrac{1}{3}}\text{V} = 6\text{V}$$

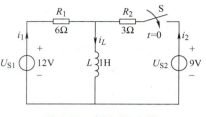

图 6-28 例 6-10 电路

开关 S 闭合后电感电流初始值 $i_L(0_+) = i_L(0_-) = 2\text{A}$。将电感 L 用恒流源 $i_L(0_+)$ 代
替，求得 $i_1(0_+)$ 和 $i_2(0_+)$ 为

$$i_1(0_+) = \frac{12-6}{6}\text{A} = 1\text{A}$$

$$i_2(0_+) = \frac{9-6}{3}\text{A} = 1\text{A}$$

（2）求稳态值 $f(\infty)$ 开关 S 闭合后各电流的稳态值为

$$i_1(\infty) = \frac{12}{6}\text{A} = 2\text{A}$$

$$i_2(\infty) = \frac{9}{3}\text{A} = 3\text{A}$$

$$i_L(\infty) = i_1(\infty) + i_2(\infty) = (2+3)\text{A} = 5\text{A}$$

（3）求时间常数 τ

$$\tau = \frac{L}{R} = \frac{1}{\dfrac{3 \times 6}{3+6}}\text{s} = 0.5\text{s}$$

（4）根据式（6-21），求得 i_1、i_2 及 i_L 为

$$i_1 = i_1(\infty) + [i_1(0_+) - i_1(\infty)]\text{e}^{-\frac{t}{\tau}} = [2 + (1-2)\text{e}^{-\frac{t}{0.5}}]\text{A} = (2 - \text{e}^{-2t})\text{A}$$

$$i_2 = i_2(\infty) + [i_2(0_+) - i_2(\infty)]\text{e}^{-\frac{t}{\tau}} = [3 + (1-3)\text{e}^{-\frac{t}{0.5}}]\text{A} = (3 - 2\text{e}^{-2t})\text{A}$$

$$i_L = i_L(\infty) + [i_L(0_+) - i_L(\infty)]\text{e}^{-\frac{t}{\tau}} = [5 + (2-5)\text{e}^{-\frac{t}{0.5}}]\text{A} = (5 - 3\text{e}^{-2t})\text{A}$$

6.6 微分电路和积分电路

微分电路和积分电路实际上就是 RC 串联充放电电路，由于所选取的时间常数不同从而
构成电路不同的输入输出关系。这里以矩形波脉冲信号接入 RC 串联电路来分析微分电路和
积分电路。

6.6.1　微分电路

在图 6-29 所示 RC 串联电路中，设 $t=0$ 时输入激励源 u_i，u_i 为一矩形脉冲信号，脉冲宽度为 t_P，幅度为 U_S，输出响应是从电阻两端取出的电压，即 $u_o = u_R$。

在信号 u_i 开始作用的瞬间，由于电容两端的电压 u_C 不能突变，故由 KVL 可知，电阻 R 的电压 u_R 将立即从零突变至 U_S。随后电容开始充电，如果电路的时间常数很小，$\tau \ll t_P$，电容将很快充电完毕而使 u_C 到达 U_S，同时 u_R 也很快衰减至零。这个阶段输出信号 u_o（即电阻两端的电压 u_R）的波形呈现为一个正的尖脉冲。

在 $t = t_P$ 时脉冲信号消失，但由于此瞬间 u_C 仍然保持 U_S 不能突变，所以 u_R 立即由零下降至 $-U_S$，随后电容很快又放电结束，u_R 的值也很快衰减至零，在此阶段输出信号 u_o 的波形呈现一个负的尖脉冲。

综合以上分析，RC 串联电路在矩形脉冲电压信号的作用下会在电阻两端产生两个幅度相等的尖脉冲。显然，电路 τ 越小，输出的波形越尖锐，宽度也越窄。如果 u_i 是一个周期性矩形脉冲电压信号，则 u_o 将重复前面的波形，如图 6-30 所示。

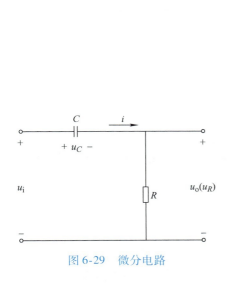

图 6-29　微分电路

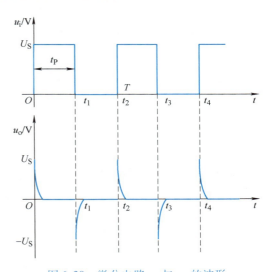

图 6-30　微分电路 u_i 与 u_o 的波形

现分析输入信号 u_i 与输出信号 u_o 的关系。选定电路中各电流和电压的参考方向如图 6-29 所示，根据 KVL 和电容元件的伏安特性得

$$u_i = u_C + u_R$$

$$u_o = u_R = Ri = RC \frac{\mathrm{d}u_C}{\mathrm{d}t}$$

因为 $\tau \ll t_P$，电容的充、放电进行得很快，电容两端的电压 u_C 近似等于输入电压 u_i，即电路满足关系

$$u_i \approx u_C$$

于是就有

$$u_o = RC \frac{\mathrm{d}u_i}{\mathrm{d}t}$$

输出信号 u_o 与输入信号 u_i 的微分成正比。常应用这种电路把矩形脉冲电压变换为尖脉冲，输出的尖脉冲反映了输入矩形脉冲微分的结果，故称这种电路为微分电路。脉冲信号的用途十分广泛，在数字电路中常用作触发器的触发信号，在变流技术中常用作晶闸管的触发信号。

6.6.2　积分电路

如果将 RC 串联电路中的输出信号改为电容两端的电压 u_C，如图 6-31 所示，并设电路的时间常数 $\tau \gg t_P$，现在来讨论输出信号 u_o 是如何变化的。

在信号 u_i 开始作用后，由于电路的时间常数 $\tau \gg t_P$，所以 $0 \leqslant t \leqslant t_P$ 期间，电容电压 u_C 上升得很慢，其波形近似为一条斜率很小的直线。在 $t = t_P$ 时，脉冲电压消失，电容开始放电，由于时间常数 τ 很大，所以放电也很缓慢，这样 u_C 的波形就近似为一个锯齿波（或称三角波），如图 6-32 所示。

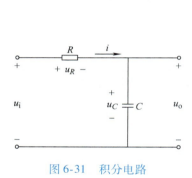

图 6-31　积分电路

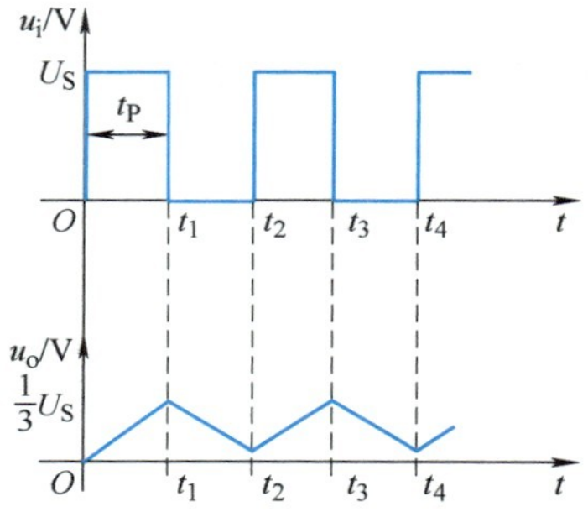

图 6-32　积分电路 u_i 与 u_o 的波形

现分析输入信号 u_i 和输出信号 u_o 之间的关系。根据 KVL 和电容元件的伏安特性得

$$u_i = u_R + u_C$$

$$u_o = u_C = \frac{1}{C}\int i\,\mathrm{d}t$$

其中

$$i = \frac{u_R}{R}$$

因为 $\tau \gg t_P$，电容的充放电进行得很缓慢，输入电压 u_i 几乎都加在电阻 R 上，故有

$$u_R \approx u_i$$

$$u_i = u_R + u_C \approx u_R$$

于是就有

$$i = \frac{u_R}{R} \approx \frac{u_i}{R}$$

$$u_o = u_C = \frac{1}{RC}\int u_i\,\mathrm{d}t$$

即输出信号 u_o 与输入信号 u_i 的积分成正比。我们把这种从电容端输出且满足关系 $u_i \approx u_R$ 的 RC 串联电路称为积分电路。积分电路能够将输入信号进行积分处理后再输出。

在脉冲电路中，常应用积分电路将矩形脉冲变换为近似的三角波，三角波可作为示波器、显示器等电子设备中的扫描电压。

本项目思维导图

线性电路的动态过程分析

换路定律及初始值的计算

1 过渡过程产生的原因：能量不能突变

$$W_C=\frac{1}{2}Cu_C^2 \text{，} W_L=\frac{1}{2}Li_L^2$$

2 换路：引起过渡过程的电路变化

3 换路定律及初始值的计算：换路后瞬间，电容电压和电感电流不会突变，其他物理量可能会突变

$$u_C(0_+)=u_C(0_-)\text{，} i_L(0_+)=i_L(0_-)$$

一阶电路的响应

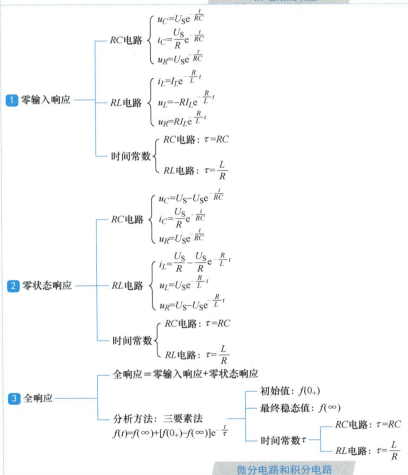

1 零输入响应

RC电路
$$\begin{cases} u_C=U_S\mathrm{e}^{-\frac{t}{RC}} \\ i_C=\frac{U_S}{R}\mathrm{e}^{-\frac{t}{RC}} \\ u_R=U_S\mathrm{e}^{-\frac{t}{RC}} \end{cases}$$

RL电路
$$\begin{cases} i_L=I_L\mathrm{e}^{-\frac{R}{L}t} \\ u_L=-RI_L\mathrm{e}^{-\frac{R}{L}t} \\ u_R=RI_L\mathrm{e}^{-\frac{R}{L}t} \end{cases}$$

时间常数
$$\begin{cases} RC电路：\tau=RC \\ RL电路：\tau=\dfrac{L}{R} \end{cases}$$

2 零状态响应

RC电路
$$\begin{cases} u_C=U_S-U_S\mathrm{e}^{-\frac{t}{RC}} \\ i_C=\frac{U_S}{R}\mathrm{e}^{-\frac{t}{RC}} \\ u_R=U_S\mathrm{e}^{-\frac{t}{RC}} \end{cases}$$

RL电路
$$\begin{cases} i_L=\frac{U_S}{R}-\frac{U_S}{R}\mathrm{e}^{-\frac{R}{L}t} \\ u_L=U_S\mathrm{e}^{-\frac{R}{L}t} \\ u_R=U_S-U_S\mathrm{e}^{-\frac{R}{L}t} \end{cases}$$

时间常数
$$\begin{cases} RC电路：\tau=RC \\ RL电路：\tau=\dfrac{L}{R} \end{cases}$$

3 全响应

全响应＝零输入响应+零状态响应

分析方法：三要素法
$$f(t)=f(\infty)+[f(0_+)-f(\infty)]\mathrm{e}^{-\frac{t}{\tau}}$$

初始值：$f(0_+)$
最终稳态值：$f(\infty)$
时间常数τ
$$\begin{cases} RC电路：\tau=RC \\ RL电路：\tau=\dfrac{L}{R} \end{cases}$$

微分电路和积分电路

1 微分电路

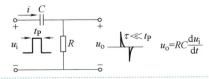

$$\tau\ll t_P \qquad u_o=RC\frac{\mathrm{d}u_i}{\mathrm{d}t}$$

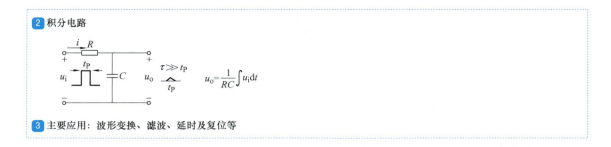

② 积分电路

③ 主要应用：波形变换、滤波、延时及复位等

习　题

6-1　什么叫过渡过程？产生过渡过程的原因和条件是什么？

6-2　什么叫换路定律？它有什么用途？

6-3　什么叫初始值？什么叫稳态值？在电路中如何确定初始值及稳态值？

6-4　对电路进行暂态分析时，电路没有初始储能，仅由外界激励源的作用所产生的响应，称为什么响应？无外界激励源作用，仅由电路本身初始储能的作用所产生的响应，称为什么响应？既有初始储能又有外界激励作用所产生的响应，称为什么响应？

6-5　理论上过渡过程需要多长时间？而在工程实际中，通常认为过渡过程大约为多长时间？

6-6　一阶电路的三要素法中的三要素指什么？

6-7　电路如图 6-33 所示，原处于稳态。试确定换路瞬间 i_S、i_C、i_R、u_C 的初始值。

6-8　电路如图 6-34 所示，原处于稳态。试确定换路瞬间 i_S、i_L、i_R、u_L 的初始值。

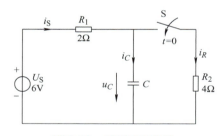

图 6-33　习题 6-7 电路

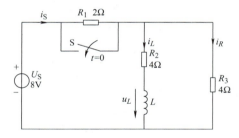

图 6-34　习题 6-8 电路

6-9　电路如图 6-35 所示，$t=0$ 时开关 S 由 1 扳向 2，在 $t<0$ 时电路已达到稳态，求初始值 $i(0_+)$ 和 $u_C(0_+)$。

6-10　电路如图 6-36 所示。设开关 S 闭合前电路已处于稳态。在 $t=0$ 时，将开关 S 闭合，试求 $t=0_+$ 瞬间的 u_C、i_1、i_2、i_3、i_C 的初始值。

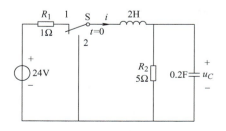

图 6-35　习题 6-9 电路

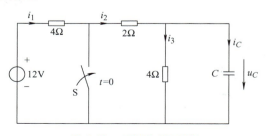

图 6-36　习题 6-10 电路

6-11　电路如图 6-37 所示。换路前电路已处于稳态，$t=0$ 时将开关合上。试求暂态过程的初始值 $i_L(0_+)$，$i(0_+)$，$i_S(0_+)$ 及 $u_L(0_+)$。

6-12　电路如图 6-38 所示，开关 S 在 $t=0$ 时合上，时间常数 τ 为多少？

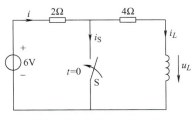

图 6-37　习题 6-11 电路

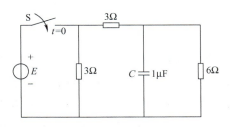

图 6-38　习题 6-12 电路

6-13　电路如图 6-39 所示，S 原已合在 a 位置上，在 $t=0$ 时切换至 b 位置，试求电容元件端电压 u_C。

6-14　电路如图 6-40 所示，开关 S 闭合前电路已处于稳态，$t=0$ 时开关合上，求 $t \geqslant 0$ 时的电流 i_L。

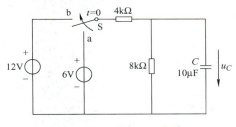

图 6-39　习题 6-13 电路

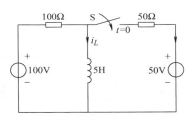

图 6-40　习题 6-14 电路

6-15　电路如图 6-41 所示，用三要素法求 $t \geqslant 0$ 时的 i_1 和 i_2。

6-16　电路如图 6-42 所示，开关动作前电路已达稳态，$t=0$ 时开关 S 由 1 扳向 2，求 $t \geqslant 0_+$ 时的 $i_L(t)$ 和 $u_L(t)$。

6-17　电路如图 6-43 所示，当开关 S 闭合时电路已处于稳态，试求开关 S 断开后的电流 i。

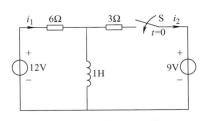

图 6-41　习题 6-15 电路

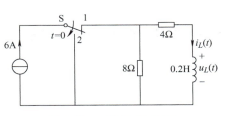

图 6-42　习题 6-16 电路

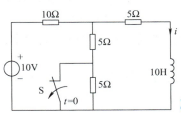

图 6-43　习题 6-17 电路

项目6
扫码练习

*项目7 非正弦周期电流电路认知

📑 学习目标

1）了解非正弦量的产生原理和分解方法。

2）掌握非正弦量的有效值、平均值和平均功率的计算方法。

3）了解非正弦周期电流电路的分析方法。

📑 工作任务

利用示波器观察、比较由信号发生器输出的正弦波、三角波、锯齿波及方波等信号波形，测量各种波形的幅值、周期及频率等参数，如图7-1所示。

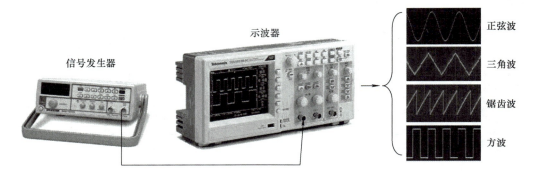

图 7-1　调试、观察正弦波、三角波、锯齿波和方波

1. 所用仪器设备

信号发生器、示波器。

2. 任务实施

1）用信号线将信号发生器与示波器相连接。

2）调节信号发生器使之分别输出频率为 1kHz、峰峰值为 5V 的正弦波、三角波、锯齿波和方波电压，并用示波器观察波形。

3）改变信号发生器输出信号的频率，观察示波器中的信号波形如何变化。

📑 相关实践知识

1. 函数信号发生器

函数信号发生器是产生正弦波、三角波、锯齿波及方波等多波形的信号发生器，是进行电子产品制作、测试及检修等过程中不可缺少的仪器设备。

函数信号发生器的种类有很多，目前的函数信号发生器基本都采用 DDS 信号合成技术，将正弦波进行合成处理，使之能产生如三角波、锯齿波及方波等其他非正弦波形的信号输出。在使用函数信号发生器时，一般操作程序是：先打开电源开关，然后进行波形选择。当选定好要产生的信号波形后，就可以通过"频率"按键和数字按键进行频率范围选择，如要产生一个 975Hz 的信号，可以按下 1kHz 的"频率"按键，然后进行粗调，再进行细调，直到显示值满意为止；通过"幅值"按键和数字按键可选择输出不同的峰峰值电压。函数信号发生器一般具有两个输出端，分别为信号输出端和 TTL 电平输出端，信号输出端可输出各种不同的波形信号，TTL 电平输出端主要为数字电路提供专门的数字信号。仪器中一般还带有"衰减"旋钮，它是将输出信号进行一定衰减，以方便示波器观察和测量。

2. 示波器

示波器是一种用途十分广泛的电子测量仪器，它能把人眼看不见的各种电信号变换成看得见的曲线图像，便于人们观察和研究电信号的变化过程。它除了能观察到各种信号波形外，还可以测量各种电量，如电压、电流、频率及相位差等参数。

相关理论知识

7.1　非正弦周期信号

在实际工程中，经常会遇到不按正弦规律变化的电流、电压，称为非正弦交流电，例如在实验室中常用到的方波、锯齿波以及在自动控制、计算机领域大量用到的脉冲波等，如图 7-2 所示。另外还有很多应用领域的信号电压、电流都是显著的非正弦信号。那么，这些非正弦信号是如何产生的？应该怎样进行分析？这就是本项目所要讨论的内容。

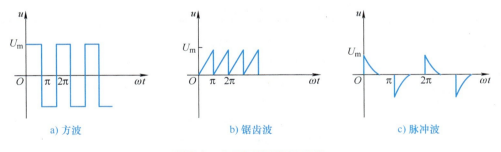

a) 方波　　　　　　　　　b) 锯齿波　　　　　　　　　c) 脉冲波

图 7-2　非正弦周期信号波形

1. 非正弦周期信号的产生

产生非正弦交流电的原因可能有以下几种：

1）正弦电源（或电动势）经过非线性元件（如整流元件或带铁心的线圈）后，产生的电流将不再是正弦波。

2）发电机由于内部结构的缘故很难保证电动势是严格的正弦波。

3）电路中有几个不同频率的正弦电源作用，叠加后就不再是正弦波了。

非正弦信号可分为周期性信号和非周期性信号两种。产生周期性非正弦信号的电路，称为非正弦周期电路。图 7-2 所示波形虽然形状各不相同，但变化规律都是周期性的。本项目仅讨论线性非正弦周期电路。

2. 非正弦周期信号的分解

在电工技术中，非正弦周期信号的分解主要是利用傅里叶级数展开法，将非正弦电压（电流）分解为一系列不同频率的正弦量之和，然后对不同频率的正弦量分别求解，再根据线性电路的叠加定理进行叠加，就可以得到电路中实际的稳态电压（电流），这种方法称为谐波分析法。它实质上就是把非正弦周期电路的计算化为一系列正弦周期电路的计算，这样就能充分利用相量法这个工具进行有效分析。

在电工技术中所遇到的非正弦周期函数总可以分解为傅里叶级数。设某周期为 T 的周期性函数 $f(t)$，角频率 $\omega = \dfrac{2\pi}{T}$，分解为傅里叶级数为

$$
\begin{aligned}
f(t) &= A_0 + A_{1m}\sin(\omega t + \varphi_1) + A_{2m}\sin(2\omega t + \varphi_2) + \cdots + A_{km}\sin(k\omega t + \varphi_k) \\
&= A_0 + \sum_{k=1}^{\infty} A_{km}\sin(k\omega t + \varphi_k)
\end{aligned} \tag{7-1}
$$

式中，A_0 是不随时间变化的常数，称为 $f(t)$ 的直流分量或恒定分量；第二项 $A_{1m}\sin(\omega t + \varphi_1)$，其频率与函数 $f(t)$ 的频率相同，称为基波或一次谐波；其余各项的频率为基波频率的整数倍，分别为二次、三次、k 次谐波，统称为高次谐波。

谐波分析法的意义在于傅里叶级数是一个收敛级数，当 k 取到无限多项时就可以准确地表示原非正弦周期函数。但在实际应用中，高次谐波通常取有限的前几项，具体取到哪一项要根据计算精度需求而定。

工程上经常采用查表的方法来获得周期函数的傅里叶级数。在电工技术中常见的几种周期信号函数的傅里叶级数展开式见表 7-1。

表 7-1　几种常见周期信号函数傅里叶级数展开式

名称	$f(t)$ 波形 （周期 T）	傅里叶级数展开式（基波角频率 $\omega = \dfrac{2\pi}{T}$）
矩形波		$f(t) = \dfrac{4A}{\pi}\left(\sin\omega t + \dfrac{1}{3}\sin3\omega t + \dfrac{1}{5}\sin5\omega t + \cdots + \dfrac{1}{k}\sin k\omega t + \cdots\right)$， k 为奇数
锯齿波		$f(t) = \dfrac{A}{2} - \dfrac{A}{\pi}\left(\sin\omega t + \dfrac{1}{2}\sin2\omega t + \dfrac{1}{3}\sin3\omega t + \cdots + \dfrac{1}{k}\sin k\omega t + \cdots\right)$

（续）

名称	$f(t)$ 波形（周期 T）	傅里叶级数展开式（基波角频率 $\omega = \dfrac{2\pi}{T}$）
等腰三角波		$f(t) = \dfrac{8A}{\pi^2}\left(\sin\omega t - \dfrac{1}{9}\sin3\omega t + \dfrac{1}{25}\sin5\omega t - \cdots + \dfrac{(-1)^{\frac{k-1}{2}}}{k^2}\sin k\omega t + \cdots \right),$ k 为奇数
等腰梯形波		$f(t) = \dfrac{4A}{\alpha\pi}\left(\sin\alpha\sin\omega t + \dfrac{1}{9}\sin3\alpha\sin3\omega t + \dfrac{1}{25}\sin5\alpha\sin5\omega t + \cdots + \dfrac{1}{k^2}\sin k\alpha\sin k\omega t + \cdots \right), k$ 为奇数
半波整流波		$f(t) = \dfrac{A}{\pi}\left(1 + \dfrac{\pi}{2}\sin\omega t - \dfrac{2}{3}\cos2\omega t - \dfrac{2}{15}\cos4\omega t - \cdots - \dfrac{2}{(k-1)(k+1)}\cos k\omega t - \cdots \right), k$ 为奇数
全波整流波		$f(t) = \dfrac{4A}{\pi}\left(\dfrac{1}{2} - \dfrac{1}{3}\cos\omega t - \dfrac{1}{15}\cos2\omega t - \cdots - \dfrac{1}{4k^2-1}\cos k\omega t - \cdots \right),$ k 为正整数

7.2 非正弦周期信号的有效值、平均值和平均功率

7.2.1 非正弦周期信号的有效值

对于任何周期性函数 $f(t)$，不论是正弦还是非正弦的，其有效值均可表示为

$$A = \sqrt{\dfrac{1}{T}\int_0^T f^2(t)\,\mathrm{d}t} \tag{7-2}$$

设 i 为非正弦周期电流，则 i 的傅里叶级数展开式为

$$i = I_0 + \sum_{k=1}^{\infty} I_{km}\sin(k\omega t + \varphi_k)$$

将上式代入式(7-2) 得

$$I = \sqrt{\frac{1}{T} \int_0^T \left[I_0 + \sum_{k=1}^{\infty} I_{km} \sin(k\omega t + \varphi_k) \right]^2 dt}$$

对上式进行数学计算，可以得出非正弦周期电流的有效值计算式为

$$I = \sqrt{I_0^2 + I_1^2 + I_2^2 + \cdots + I_k^2 + \cdots} \tag{7-3}$$

式中，I_0 为 i 的直流分量，I_1、$I_2 \cdots I_k$ 分别为各次谐波的有效值。

同理，非正弦周期电压的有效值为

$$U = \sqrt{U_0^2 + U_1^2 + U_2^2 + \cdots + U_k^2 + \cdots} \tag{7-4}$$

由此得到结论：非正弦周期信号的有效值等于它的直流分量及各次谐波分量有效值的二次方之和的二次方根。

例 7-1 求周期电压 $u(t) = \left[100 + 70\sin(\omega t + 120°) - 40\sin(3\omega t - 30°) \right]$ V 的有效值。

解 根据式(7-4) 可得有效值为

$$U = \sqrt{100^2 + \left(\frac{70}{\sqrt{2}}\right) + \left(\frac{40}{\sqrt{2}}\right)^2} \text{ V} = 115.1 \text{ V}$$

7.2.2 非正弦周期信号的平均值

1. 平均值

非正弦周期信号的平均值定义为信号在一个周期内的绝对值的平均值。以电流为例，其平均值的数学表达式为

$$I_{av} = \frac{1}{T} \int_0^T | i(t) | \, dt \tag{7-5}$$

应当注意的是，一个周期内其值有正、负的周期量的平均值 I_{av} 与其直流分量 I 是不同的，只有一个周期内其值均为正值的周期量，平均值才等于其直流分量。

例如，当正弦电流 $i(t) = I_m \sin\omega t$ 时，其平均值为

$$I_{av} = \frac{1}{T} \int_0^T | i(t) | \, dt = \frac{2}{T} \int_0^{\frac{T}{2}} I_m \sin\omega t dt$$

$$= \frac{2}{T} \times \frac{1}{\omega} \int_0^{\pi} I_m \sin\omega t d(\omega t) = \frac{1}{\pi} I_m \left[-\cos\omega t \right]_0^{\pi}$$

$$= \frac{2I_m}{\pi} = 0.637 I_m = 0.898 I$$

同样，周期电压的平均值为

$$U_{av} = \frac{1}{T} \int_0^T | u(t) | \, dt \tag{7-6}$$

2. 周期量的测量

对于同一非正弦量，当我们用不同类型的仪表进行测量时，就会得出不同的结果。

1) 如用磁电系仪表测量，其读数为非正弦量的直流分量。

2) 如用电磁系或电动系仪表测量，其读数为非正弦量的有效值。

3) 如用全波整流磁电系仪表测量，其读数为非正弦量的绝对平均值。

由此可见，在测量非正弦周期电流和电压时，要注意选择合适的仪表，并注意各种不同类型表的读数所表示的含义。

7.2.3 非正弦周期信号的平均功率

非正弦周期信号的平均功率（有功功率）定义为瞬时功率在一个周期内的平均值，即

$$P = \frac{1}{T}\int_0^T p\,\mathrm{d}t = \frac{1}{T}\int_0^T ui\,\mathrm{d}t$$

可以证明

$$P = U_0 I_0 + \sum_{k=1}^{\infty} U_k I_k \cos\varphi_k = P_0 + \sum_{k=1}^{\infty} P_k \tag{7-7}$$

可见，非正弦周期性电路中的平均功率等于直流分量和各次谐波分量分别产生的平均功率之和。

例 7-2 设某一非正弦电压、电流分别为

$$u = \left[40 + 180\sin\omega t + 60\sin(3\omega t + 45°) + 20\sin(5\omega t + 18°)\right]V$$

$$i(t) = \left[1.43\sin(\omega t + 85.3°) + 6\sin(3\omega t + 45°) + 0.78\sin(5\omega t - 60°)\right]A$$

求平均功率 P。

解
$$P = P_0 + P_1 + P_3 + P_5$$
$$P_0 = U_0 I_0 = 40 \times 0\,\mathrm{W} = 0\,\mathrm{W}$$

$$P_1 = U_1 I_1 \cos\varphi_1 = \frac{180}{\sqrt{2}} \times \frac{1.43}{\sqrt{2}} \times \cos(0° - 85.3°)\,\mathrm{W} = 10.6\,\mathrm{W}$$

$$P_3 = U_3 I_3 \cos\varphi_3 = \frac{60 \times 6}{2} \times \cos(45° - 45°)\,\mathrm{W} = 180\,\mathrm{W}$$

$$P_5 = U_5 I_5 \cos\varphi_5 = \frac{20 \times 0.78}{2} \times \cos(18° + 60°)\,\mathrm{W} = 1.62\,\mathrm{W}$$

所以
$$P = (0 + 10.6 + 180 + 1.62)\,\mathrm{W} = 192.22\,\mathrm{W}$$

7.3 非正弦周期电流电路的计算

由于非正弦周期信号可依据傅里叶级数分解，因此分析计算线性非正弦周期电路中的电流、电压时，可以根据叠加定理，分别计算出各分量单独作用时电路中的电流和电压，然后将各次计算的结果进行叠加。其具体步骤如下：

1）将给定的非正弦周期信号分解为傅里叶级数，并根据计算精度要求，取有限项高次谐波。

2）分别计算直流分量以及各次谐波分量单独作用时电路的响应，计算方法与直流电路及正弦交流电路的计算方法完全相同。

对直流分量，电感元件等于短路，电容元件等于开路。对各次谐波分量，可以用相量法进行，但要注意，感抗、容抗与频率有关。要根据不同的谐波频率，分别计算复阻抗。

3）应用叠加定理，将各次谐波作用下的响应解析式进行叠加。需要注意的是，必须先将各次谐波分量响应写成瞬时值表达式后才可以叠加，而不能把表示不同频率的谐波的正弦量的相量进行加减。最后所求响应的解析式是用时间函数表示的。

例7-3 LC 滤波电路如图7-3 所示，已知 $L=5\text{H}$，$C=10\mu\text{F}$，$R=2\text{k}\Omega$，外加电压为 $u(t)=[15-10\cos2\omega t-2\cos4\omega t]\text{V}$，$f=50\text{Hz}$。试求：（1）电阻电压 $u_R(t)$；（2）电阻电压 $u_R(t)$ 中二次谐波分量、四次谐波分量与直流分量的比值。

解 （1）$\omega=2\pi f=2\times3.14\times50\text{rad/s}=314\text{rad/s}$

设相应的电阻电压 $u_R(t)$ 的各分量为
$$u_R=U_{R_0}+U_{R_2}+U_{R_4}$$

直流分量 U_0 单独作用时，按直流电路计算方法得
$$U_{R_0}=U_0=15\text{V}$$

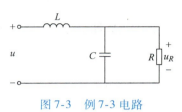

图7-3　例 7-3 电路

二次谐波 u_2 单独作用时，RC 并联电路对二次谐波的复阻抗为

$$Z_{RC_2}=\cfrac{\cfrac{R}{\text{j}2\omega C}}{R+\cfrac{1}{\text{j}2\omega C}}=\cfrac{\cfrac{2\times10^3}{\text{j}2\times100\pi\times10\times10^{-6}}}{2\times10^3+\cfrac{1}{\text{j}2\times100\pi\times10\times10^{-6}}}\Omega$$

$$=159\angle-85.5°\ \Omega=(12.5-\text{j}158.5)\Omega$$

电阻电压二次谐波 u_{R_2} 的极大值相量为

$$\dot{U}_{R_2}=\dot{U}_{2\text{m}}\frac{Z_{RC_2}}{\text{j}2\omega L+Z_{RC_2}}=10\angle-90°\times\frac{159\angle-85.5°}{\text{j}2\times100\pi\times5+12.5-\text{j}158.5}\text{V}$$

$$=0.53\angle94.5°\ \text{V}$$

写成瞬时值表达式为
$$u_{R_2}=0.53\sin(2\omega t+94.5°)\text{V}$$

四次谐波 u_4 单独作用时，RC 并联电路对四次谐波的复阻抗为

$$Z_{RC_4}=\cfrac{\cfrac{R}{\text{j}4\omega C}}{R+\cfrac{1}{\text{j}4\omega C}}=\cfrac{\cfrac{2\times10^3}{\text{j}4\times100\pi\times10\times10^{-6}}}{2\times10^3+\cfrac{1}{\text{j}4\times100\pi\times10\times10^{-6}}}\Omega$$

$$=79.55\angle-87.7°\ \Omega=(3.2-\text{j}79.5)\Omega$$

电阻电压四次谐波 u_{R_4} 的极大值相量为

$$\dot{U}_{R_4}=\dot{U}_{4\text{m}}\frac{Z_{RC_4}}{\text{j}4\omega L+Z_{RC_4}}=2\angle-90°\times\frac{79.55\angle-87.7°}{\text{j}4\times100\pi\times5+3.2-\text{j}79.5}\text{V}$$

$$=0.026\angle92.3°\ \text{V}$$

写成瞬时值表达式为
$$u_{R_4}=0.026\sin(4\omega t+92.3°)\text{V}$$

将 $u_R(t)$ 的直流分量 U_R、二次谐波分量 u_{R_2} 和四次谐波分量 u_{R_4} 叠加，得
$$u_R=[15+0.53\sin(2\omega t+94.5°)+0.026\sin(4\omega t+92.3°)]\text{V}$$
$$\approx[15+0.53\cos2\omega t+0.026\cos4\omega t]\text{V}$$

（2）二次谐波和四次谐波的有效值与直流分量的比值分别为

$$\frac{U_{R_2}}{U_{R_0}} = \frac{\dfrac{0.53}{\sqrt{2}}}{15} = 2.5\%$$

$$\frac{U_{R_4}}{U_{R_0}} = \frac{\dfrac{0.026}{\sqrt{2}}}{15} = 0.12\%$$

通过上述例题可看出电容元件和电感元件对不同次谐波的作用：电感元件对高次谐波有着较强的抑制作用，而电容元件对高次谐波电流有畅通作用。

应当注意，虽然非正弦波在电信设备中广泛应用，但在电力系统中，由于发电机内部结构的原因，输出能量除基波能量以外，还有高次谐波能量。高次谐波会给整个系统带来极大的危害，如使电能质量降低，损坏电力电容器、电缆、电动机等，增加线路损耗。因此，要想办法消除高次谐波分量。

本项目思维导图

非正弦周期电流电路认知

1 非正弦周期信号

若非正弦周期信号满足狄利克雷条件，可用傅里叶级数展开式表示：

$$f(t) = A_0 + \sum_{k=1}^{\infty} A_{km}\sin(k\omega t + \varphi_k)$$

2 非正弦周期量的有效值、平均值和平均功率

有效值：$u = \sqrt{\dfrac{1}{T}\int_0^T u^2 \mathrm{d}t}$，$I = \sqrt{\dfrac{1}{T}\int_0^T i^2 \mathrm{d}t}$

平均值：$U_{av} = \dfrac{1}{T}\int_0^T |u|\,\mathrm{d}t$，$I_{av} = \dfrac{1}{T}\int_0^T |i|\,\mathrm{d}t$

平均功率：$P = \dfrac{1}{T}\int_0^T p\mathrm{d}t = \dfrac{1}{T}\int_0^T ui\mathrm{d}t$

3 非正弦周期电路的分析一般采用谐波分析法

习 题

7-1 电阻可以忽略的一个线圈，接到有效值 50V 的正弦电压上，电流的有效值为 5A。接到含有基波和三次谐波、有效值也为 50V 的非正弦电压上，电流的有效值为 4A。试求非正弦电压的基波和三次谐波的有效值。

7-2 下列各电流表达式都是非正弦周期电流吗？

（1）$i_1 = (8\sin\omega t + 3\sin\omega t)\text{A}$

（2）$i_2 = (8\sin\omega t + 3\cos\omega t)\text{A}$

（3）$i_3 = (8\sin\omega t + 3\sin3\omega t)\text{A}$

（4）$i_4 = (8\sin\omega t - 5\sin\omega t)\text{A}$

7-3 试求周期电压 $u(t) = [10 + 141.4\sin(\omega t + 30°) + 70.7\sin(3\omega t + 15°)]$ V 的有效值。

7-4 已知某电路的电压、电流分别为

$$u(t) = [10 + 20\sin(100\pi t - 30°) + 8\sin(300\pi t - 30°)]V$$

$$i(t) = [3 + 6\sin(100\pi t + 30°) + 2\sin500\pi t]A$$

求该电路的电压 U、电流有效值 I 和平均功率 P。

7-5 测量非正弦周期交流信号的有效值、整流平均值和直流分量应分别选用何种测量机构的仪表?

7-6 某一非正弦电压、电流分别为

$$u(t) = [50 + 84.6\sin(\omega t + 30°) + 56.6\sin(2\omega t + 10°)]V$$

$$i(t) = [1 + 0.707\sin(\omega t - 20°) + 0.424\sin(2\omega t + 50°)]A$$

求平均功率。

习题参考答案

项目1 习题

1-1　a）-6W，发出功率；b）9W，吸收功率；c）-20W，发出功率；d）4W，吸收功率

1-2　$I=10A$；$U=70V$；电流源

1-3　$768kW\cdot h$

1-4　a）$10V$；b）10Ω；c）$-5A$；d）$-8V$

1-5　（1）$I=0.5mA$，$U_1=5V$，$U_2=-15V$

　　　（2）$I=2mA$，$U_1=20V$，$U_2=0$

　　　（3）$I=0$，$U_1=0$，$U_2=-20V$

1-6　a）错误；b）错误；c）正确

1-7　a）错误；b）错误；c）正确；d）错误

1-8　a）错误；b）错误；c）错误；d）正确

1-9　错误

1-10　错误

1-11　a）$8V$；b）$-12V$；c）$-3V$

1-12　$U_{AB}=1V$，$I=5A$

1-13　$V_A=-5V$，$V_B=1V$，$V_C=5V$，$V_D=0$

1-14　$U_{ab}=-3V$，$I_{SC}=-1.5A$

1-15　$U_X=0.6V$

1-16　机械调零，欧姆调零

1-17　3000Ω，$3.3mA$，$16.5V$

项目2 习题

2-1　1. 电压的代数和；2. 电压源电压；3. 所有电流源电流；4. 该理想电压源；5. 该理想电流源；6. $n-1$，$b-n+1$；7. 线性；8. 短路，断路，功率；9. 电压源与电阻串联；10. 电流源与电阻并联；11. 等于，$\dfrac{U_S^2}{4R_S}$，匹配；12. 简单用短路或断路代替，控制量；13. 短，开；14. -7

2-2　1. √　2. ×　3. ×　4. ×　5. ×　6. √　7. √　8. ×　9. ×　10. √　11. ×　12. ×　13. √　14. √

2-3　1. D　2. C　3. B、A　4. C　5. B、C　6. B、D　7. B　8. D　9. C　10. A　11. B　12. C　13. B　14. D　15. A　16. B

2-4　4个，8条，5个

2-5　a) $I_1 = -3A$, $I_2 = 9A$; b) $I_1 = 3A$, $I = 4A$

2-6　$U_1 = -5V$, $U_2 = 15V$, $I_1 = -0.5A$, $I_2 = 1.5A$

2-7　$I_1 = 14/11A$, $I_2 = -4/11A$, $I_3 = -10/11A$

2-8　$R = 18\Omega$　　　　　　　　　　2-9　$R_3 = 40\Omega$

2-10　$U_{AB} = 8V$　　　　　　　　　2-11　$U_{AB} = 4V$

2-12　$U_{AB} = 4V$　　　　　　　　　2-13　$U_O = 10V$

2-14　$V_A = 14V$　　　　　　　　　2-15　20Ω, $20W$

2-16　16Ω　　　　　　　　　　2-17　14Ω, 9.5Ω, 4Ω

2-18　$2A$　　　　　　　　　　　2-19　$0.125A$

2-20　$10V$, 1Ω; $10A$, $1S$　　　2-21　$8V$, $2V$

2-22　$4V$　　　　　　　　　　　2-23　a) $-30V$; b) $20V$

2-24　$-0.5V$, 2Ω; $0.25A$, $0.5S$　2-25　$11/3A$

2-26　$12/7\Omega$　　　　　　　　　2-27　20Ω, $5W$

2-28　$6V$, $6V$　　　　　　　　　2-29　$30V$

2-30　$14/9A$　　　　　　　　　　2-31　$0.58A$

2-32　$9V$　　　　　　　　　　　2-33　$4A$

2-34　$10A$　　　　　　　　　　　2-35　$8A$

2-36　$10A$, $6A$, $16A$　　　　　　2-37　$-2.5A$

2-38　并联 200Ω 的电阻

2-39　电气设备采用保护接地措施后，设备外壳已通过导线与大地有良好接触，当人体触及带电的外壳时，人体相当于接地电阻的一条并联支路。由于人体电阻远远大于接地电阻，并联分流，所以通过人体的电流很小，避免了触电事故

项目 3　习题

3-1　$u = 20\sin\left(80\pi t + \dfrac{\pi}{4}\right)V$

3-2　$U = 220V$, $I = 10A$

3-3　$8 - j6$, $4 - j10$, $28 - j4$, $-\dfrac{1}{2} - j\dfrac{7}{2}$

3-4　$-60°$, $\dot{I}_1 = 2.5\sqrt{2}\angle 0°$ A, $\dot{I}_2 = 5\sqrt{2}\angle 60°$ A, $i = 5\sqrt{7}\sin(100t + 41°)$ A, 相量图略

3-5　$u = 100\sqrt{2}\sin 314t V$, $\dot{U} = 100\angle 0°$ V, $i_1 = 5\sqrt{2}\sin(314t + 90°)A$, $\dot{I}_1 = 5\angle 90°$ A, $i_2 = 3\sqrt{2}\sin(314t - 45°)A$, $\dot{I}_2 = 3\angle -45°$ A

3-6　（1）$u = 100\sqrt{2}\sin(314t + 30°)V$;　（2）$u = 50\sqrt{2}\sin(314t - 45°)V$;

　　（3）$i = 5\sqrt{2}\sin(314t + 60°)A$;　（4）$i = 2\sqrt{2}\sin(314t - 90°)A$

3-7　$i = 2.5\sqrt{2}\sin(314t + 75°)A$, $P = 125W$, 相量图（略）

3-8　$i = 40\sqrt{2}\sin(100t - 135°)A$, $Q = 4000var$, 相量图（略）

3-9　$u = 200\sqrt{2}\sin(100t - 60°)V$, $Q = 400var$, 相量图（略）

3-10　（1）电容元件；（2）电阻元件；（3）电感元件

3-11　A 为电阻元件，B 为电容元件

3-12　$\dot{I} = 0.65 \angle -69.1° \text{ A}$，$\dot{U}_1 = 65 \angle -69.1° \text{ V}$，$\dot{U}_2 = 204.52 \angle 17.3° \text{ V}$

3-13　（1）$\dot{U}_R = 40 \angle -60° \text{ V}$，$\dot{U}_L = 40 \angle 30° \text{ V}$；（2）$\dot{U} = 40\sqrt{2} \angle -15° \text{ V}$；

　　（3）$S = 80\sqrt{2} \text{ V} \cdot \text{A}$，$P = 80\text{W}$，$Q = 80\text{var}$；（4）相量图（略）

3-14　（1）$Z = 20\sqrt{2} \angle 45° \ \Omega$，电感性；（2）$\dot{I} = 2.5\sqrt{2} \angle -105° \text{ A}$，$\dot{U}_R = 50\sqrt{2} \angle -105° \text{ V}$，$\dot{U}_L = 150\sqrt{2} \angle -15° \text{ V}$，$\dot{U}_C = 100\sqrt{2} \angle 165° \text{ V}$；（3）$S = 250\sqrt{2} \text{ V} \cdot \text{A}$，$P = 250\text{W}$，$Q = 250\text{var}$，$\cos\varphi = \dfrac{\sqrt{2}}{2}$；（4）相量图（略）

3-15　$R = 3\Omega$，$L = 0.04\text{H}$　　　　　3-16　$L = 0.55\text{H}$

3-17　$Z = [5\sqrt{2} + \text{j}(5\sqrt{2} + 5)]\Omega$　　　　3-18　$2\sqrt{2}\text{A}$，2A

3-19　$2.5\mu\text{F}$

3-20　（1）$Y = 0.0522 \angle 16.7° \text{ S}$，电容性；（2）$\dot{I} = 5.22 \angle 16.7° \text{ A}$，$\dot{I}_R = 5 \angle 0° \text{ A}$，$\dot{I}_L = 2.5 \angle -90° \text{ A}$，$\dot{I}_C = 4 \angle 90° \text{ A}$；（3）$S = 522 \text{V} \cdot \text{A}$，$P = 500\text{W}$，$Q = 150\text{var}$，$\cos\varphi = 0.96$；（4）相量图（略）

3-21　368Ω

3-22　$250\mu\text{F}$

3-23　$P = 600\text{W}$，$Q = -1700\text{var}$，$S = 1803 \text{V} \cdot \text{A}$，$\cos\varphi = 0.33$

3-24　$X_C = 5\Omega$，$R_2 = 2.5\Omega$，$X_L = 2.5\Omega$

3-25　a）$Z = \sqrt{5} \angle 26.57° \ \Omega$，$Y = \dfrac{\sqrt{5}}{5} \angle -26.57° \text{S}$；

　　　b）$Z = \sqrt{2} \angle -45° \ \Omega$，$Y = \dfrac{\sqrt{2}}{2} \angle 45° \text{ S}$

3-26　$\dot{U} = 2\sqrt{2} \angle 45° \text{ V}$，$\dot{I} = \sqrt{2} \angle 45° \text{ A}$

3-27　$\dot{I} = 6.33 \angle -34.7° \text{ A}$，$\dot{I}_1 = 7.09 \angle 28.7° \text{ A}$，$\dot{I}_2 = 7.09 \angle 98.1° \text{ A}$；相量图（略）

3-28　1.12mF

3-29　电路的功率因数 $\cos\varphi$ 先增大再减小，总电流 I 先减小再增大，感性负载电流 I_L 不变，电容电流 I_C 一直增大

3-30　（1）开关 S 接在中性线上，错误，应接在相线上；（2）插座的接法错误，应为"左零右火中地"

3-31　（1）A、B 分别是相线、中性线（开关要接在相线上）

　　　（2）当开关 S_1、S_2 的动触片"3"同时打向"1"或"2"时，灯亮；当 S_1 的动触片"3"打向"1"、S_2 的动触片"3"打向"2"时，灯灭

3-32　导线 CD 段某处断路

项目 4　习题

4-1　$u_{AB} = 380\sqrt{2} \sin(\omega t - 30°) \text{V}$，$u_{BC} = 380\sqrt{2} \sin(\omega t - 150°) \text{V}$，

$u_{CA} = 380\sqrt{2}\sin(\omega t + 90°)\,\text{V}$，相量图（略）

4-2　（1）$\dot{U}_A = 220\angle{-60°}\,\text{V}$，$\dot{U}_B = 220\angle{180°}\,\text{V}$

（2）$u_A(t) = 220\sqrt{2}\sin(\omega t - 60°)\,\text{V}$，$u_B(t) = 220\sqrt{2}\sin(\omega t + 180°)\,\text{V}$，

$u_C(t) = 220\sqrt{2}\sin(\omega t + 60°)\,\text{V}$

（3）相量图（略）

（4）$u_A = 110\sqrt{2}\,\text{V}$，$u_B = -220\sqrt{2}\,\text{V}$，$u_C = 110\sqrt{2}\,\text{V}$，$u_A + u_B + u_C = 0$

4-3　可以说明，11.55A

4-4　$U_p = 28.87\,\text{V}$，$I_p = 1.44\,\text{A}$，$I_l = 1.44\,\text{A}$，相量图（略）

4-5　$I_p = 2.5\,\text{A}$，$I_l = 2.5\sqrt{3}\,\text{A}$，$I_p$ 之比为 $\sqrt{3}$，I_l 之比为 3

4-6　（1）$\dot{I}_A = 22\angle{0°}\,\text{A}$，$\dot{I}_B = 22\angle{-120°}\,\text{A}$，$\dot{I}_C = 11\angle{120°}\,\text{A}$，$\dot{I}_N = 11\angle{-60°}\,\text{A}$

（2）$\dot{U}_{AN'} = 220\angle{0°}\,\text{V}$，$\dot{I}_A = 22\angle{0°}\,\text{A}$，$\dot{U}_{BN'} = 220\angle{-120°}\,\text{V}$，

$\dot{I}_B = 22\angle{-120°}\,\text{A}$，$\dot{I}_N = 22\angle{-60°}\,\text{A}$

（3）$\dot{U}_{AN'} = 190\angle{30°}\,\text{V}$，$\dot{I}_A = 19\angle{30°}\,\text{A}$，$\dot{U}_{BN'} = 190\angle{-150°}\,\text{V}$，$\dot{I}_B = 19\angle{-150°}\,\text{A}$

（4）中性线的存在可保证不对称负载的相电压对称

4-7　（1）设 $\dot{U}_{AB} = 380\angle{0°}\,\text{V}$，则有 $\dot{U}_{BC} = 380\angle{-120°}\,\text{V}$，$\dot{U}_{CA} = 380\angle{120°}\,\text{V}$

$\dot{I}_{AB} = 0\,\text{A}$，$\dot{I}_{BC} = 76\angle{-120°}\,\text{A}$，$\dot{I}_{CA} = 76\angle{120°}\,\text{A}$

$\dot{I}_A = 76\angle{-60°}\,\text{A}$，$\dot{I}_B = 76\angle{-120°}\,\text{A}$，$\dot{I}_C = 76\sqrt{3}\angle{90°}\,\text{A}$

（2）设 $\dot{U}_{BC} = 380\angle{-120°}\,\text{V}$，则有 $\dot{U}_{AB} = 190\angle{60°}\,\text{V}$，$\dot{U}_{CA} = 190\angle{60°}\,\text{V}$

$\dot{I}_{AB} = 38\angle{60°}\,\text{A}$，$\dot{I}_{BC} = 76\angle{-120°}\,\text{A}$，$\dot{I}_{CA} = 38\angle{60°}\,\text{A}$

$\dot{I}_A = 0$，$\dot{I}_B = 114\angle{-120°}\,\text{A}$，$\dot{I}_C = 114\angle{60°}\,\text{A}$

4-8　$I_p = 7.27\,\text{A}$，$I_l = 12.6\,\text{A}$

4-9　星形联结：$I_l = 4.4\,\text{A}$，$P = 2323.2\,\text{W}$，$Q = 1742.4\,\text{var}$，$S = 2904\,\text{V·A}$

三角形联结：$I_l = 7.6\sqrt{3}\,\text{A}$，$P = 6931.2\,\text{W}$，$Q = 5198.4\,\text{var}$，$S = 8664\,\text{V·A}$

4-10　$I_l = 5.5\,\text{A}$，$P = 2904\,\text{W}$，$Q = 2178\,\text{var}$，$S = 3630\,\text{V·A}$

4-11　$\cos\varphi = 0.83$，$Q = 74.5\,\text{kvar}$，$S = 132.9\,\text{kV·A}$

4-12　$I_l = 6.08\,\text{A}$，$U_p = 380\,\text{V}$，$I_p = 3.5\,\text{A}$，$|Z| = 108.6\,\Omega$

4-13　此电路是每层一相共用一中性线，故障现象表明一层往上的中性线断路使用电无回路，造成二层、三层用电设备变成串联电路，总电压升为380V，又因为两层的负荷不同造成所分的电压不同，所以一层亮一层暗。电路图略。

4-14　（1）$I_l = 8.86\,\text{A}$；（2）$|Z_p| = 24.8\,\Omega$；（3）$|Z_p| = 74.4\,\Omega$

4-15　0.844，0.482

4-16　钳一根相线2A、钳两根相线2A、钳三根相线0A。理由：三相异步电动机正常工作，三相负载对称，三相相电流对称，$\dot{I}_A + \dot{I}_B = -\dot{I}_C$，$\dot{I}_A + \dot{I}_B + \dot{I}_C = 0$

项目 5 习题

5-1 0.4H

5-2 a）1 和 3，2 和 4；b）1 和 4，2 和 3

5-3 $u_2 = 15.7\sin(314t + 60°)$ V

5-4 60.2kHz

5-5 0.035H

5-6 略

5-7 略

5-8 减少涡流损耗

5-9 114 匝

5-10 （1）14；（2）12A，174A

5-11 （1）250 盏，$I_1 = 26.3$A，$I_2 = 45.5$A；（2）101 盏

5-12 170 匝

5-13 10 : 1，1.25mW

5-14 利用了变压器的变电流作用

5-15 在条件许可时，可将被测导线多绕几圈，再放进钳口进行测量，实际电流值等于读数除以圈数

项目 6 习题

6-1 ~ 6-6 略

6-7 $i_S = 0$A，$i_C = -1.5$A，$i_R = 1.5$A，$u_C = 6$V

6-8 $i_S = 3$A，$i_L = 1$A，$i_R = 2$A，$u_L = 4$V

6-9 $i(0_+) = 4$A，$u_C(0_+) = 20$V

6-10 $u_C = 4.8$V，$i_1 = 3$A，$i_2 = -2.4$A，$i_3 = 1.2$A，$i_C = -3.6$A

6-11 $i_L(0_+) = 1$A，$i(0_+) = 3$A，$i_S(0_+) = 2$A，$u_L(0_+) = -4$V

6-12 $\tau = 0.002$ms

6-13 $u_C = (8 - 4e^{-37.5t})$ V

6-14 $i_L = (2 - e^{-\frac{20}{3}t})$ A

6-15 $i_1 = (2 - e^{-2t})$ A，$i_2 = (-3 + 2e^{-2t})$ A

6-16 $i_L(t) = 4e^{-60t}$A，$u_L(t) = -48e^{-60t}$V

6-17 $i = (0.5 - 0.1e^{-t})$ A

项目7 习题

7-1 $U_1 = 38.6$V，$U_3 = 31.82$V

7-2 （1）正弦；（2）正弦；（3）非正弦；（4）正弦

7-3 $U = 112.2$V（$U_0 = 10$V，$U_1 = 100$V，$U_3 = 50$V）

7-4 $U = 18.22$V，$I = 5.39$A，$P = 60$W

7-5 电磁系或电动系仪表，全波整流磁电系仪表，磁电系仪表

7-6 $P = 78.41$W（$P_0 = 50$W，$P_1 = 19.22$W，$P_2 = 9.19$W）

参 考 文 献

［1］王兆奇．电工基础［M］．3 版．北京：机械工业出版社，2017．

［2］翁黎朗．电路分析基础［M］．北京：机械工业出版社，2017．

［3］李瀚荪．电路分析基础：上［M］．5 版．北京：高等教育出版社，2017．

［4］秦曾煌．电工学：上册［M］．7 版．北京：高等教育出版社，2009．